高职高专院校咖啡师专业系列教材编写委员会

主任兼主审：

张岳恒　广东创新科技职业学院校长、管理学博士，二级教授，博士研究生导师，1993 年起享受国务院特殊津贴专家

副主任兼主编：

李灿佳　广东创新科技职业学院副校长、广东省咖啡行业协会筹备组长，曾任广州大学硕士研究生导师、广东省人民政府督学

委员：

谭宏业　广东创新科技职业学院经管系主任、教授

丘学鑫　香港福标精品咖啡学院院长、东莞市金卡比食品贸易有限公司董事长、国家职业咖啡师考评员、职业咖啡师专家组成员、SCAA 咖啡品质鉴定师、金杯大师、烘焙大师

吴永惠　（中国台湾）国家职业咖啡讲师、考评员，国际咖啡师实训指导导师，粤港澳拉花比赛评委，国际 WBC 广州赛区评委，IIAC 意大利咖啡品鉴师，国际 SCAA 烘焙大师，国际 SCAA IDP 讲师，东莞市咖啡师职业技能大赛评委。从事咖啡事业 30 年，广州可卡咖啡食品有限公司总经理

李伟慰　广东创新科技职业学院客座讲师、硕士研究生、广州市旅游商务职业学校旅游管理系教师、省咖啡师大赛评委、世界咖啡师大赛评委

李建忠　广东创新科技职业学院经管系讲师、高级咖啡师、省咖啡师考评员、东莞市咖啡师技术能手

周妙贤　广东创新科技职业学院经管系教师、高级咖啡师、2014 年广东省咖啡师比赛一等奖获得者、广东省咖啡师技术能手、省咖啡师考评员

张海波　广东创新科技职业学院经管系讲师、硕士研究生、高级咖啡师、省咖啡师考评员

逯　铮　广东创新科技职业学院经管系讲师、硕士研究生、高级咖啡师、省咖啡师考评员

李颖哲　广东创新科技职业学院讲师、硕士研究生、东莞市咖啡行业协会秘书

冯凤萍　广东创新科技职业学院经管系讲师、烹饪教研室主任、高级咖啡师、高级面点师

黄　瑜　广东创新科技职业学院经管系教师、高级咖啡师、高级面点师、高级公共营养师

高职高专院校咖啡师专业系列教材

Beverages in Cafe

咖啡馆饮品

李颖哲　吴永惠　逯　铮　编著

暨南大学出版社
JINAN UNIVERSITY PRESS

中国·广州

图书在版编目（CIP）数据

咖啡馆饮品/李颖哲，吴永惠，逯铮编著．—广州：暨南大学出版社，2016.9
（2019.8 重印）
（高职高专院校咖啡师专业系列教材）
ISBN 978 - 7 - 5668 - 1851 - 5

Ⅰ.①咖…　Ⅱ.①李…②吴…③逯…Ⅲ.①咖啡—配制—高等职业教育—教材
Ⅳ.①TS273

中国版本图书馆 CIP 数据核字（2016）第 113749 号

咖啡馆饮品
KAFEIGUAN YINPIN
编著者：李颖哲　吴永惠　逯　铮
··

出　版　人：徐义雄
策划编辑：潘雅琴
责任编辑：焦　婕
责任校对：李林达
责任印制：汤慧君　周一丹

出版发行：暨南大学出版社（510630）
电　　话：总编室（8620）85221601
　　　　　营销部（8620）85225284　85228291　85228292（邮购）
传　　真：（8620）85221583（办公室）　85223774（营销部）
网　　址：http://www.jnupress.com　http://press.jnu.edu.cn
排　　版：广州良弓广告有限公司
印　　刷：深圳市新联美术印刷有限公司
开　　本：787mm×960mm　1/16
印　　张：8.75
字　　数：164 千
版　　次：2016 年 9 月第 1 版
印　　次：2019 年 8 月第 2 次
印　　数：3001—4000 册
定　　价：42.00 元

总　序

改革开放以来，中国咖啡业进入了一个快速发展时期，成为中国经济发展的一个新的增长点。

今日的咖啡已经成为地球上仅次于石油的第二大交易品，咖啡在世界的每一个角落都得到了普及。伴随着世界的开放、经济的繁荣，中国咖啡业也得到迅速发展。星巴克（Starbucks）、咖世家（Costa）、麦咖啡（McCafe）、咖啡陪你（Caffebene）等众多世界连锁咖啡企业纷纷进驻中国的各大城市，北京、上海、广州、深圳、南京5座城市的咖啡店已达近万家，咖啡已成为人们生活中必不可少的饮品，咖啡文化愈演愈浓。

近十年来，咖啡行业在广东也得到迅猛的发展。广州咖啡馆的数量从最初的几十家发展到现在的一千四百多家，且还有上升的势头；具有一定规模的咖啡培训机构有数十家；咖啡供应商比比皆是；民间组织每年还不定期举办各类的咖啡讲座、展览会或技能比赛。享有"咖啡奥林匹克"美誉的世界百瑞斯塔（咖啡师）比赛（World Barista Championship，简称WBC）选择广州、东莞、深圳作为选拔赛区，旨在引领咖啡界的时尚潮流，推广咖啡文化，为专业咖啡师提供表演和竞技的舞台。

随着咖啡馆的不断增多，作为咖啡馆灵魂人物的"专业咖啡师"也日渐紧俏，咖啡馆、酒吧的老板们对高级专业咖啡师求贤若渴。但从市场的需求来看，咖啡师又处于紧缺的状态。据中国咖啡协会的资料显示，上海、广州、北京、成都等大中城市的咖啡师每年缺口约2万人。

顺应社会经济发展的需求，努力培养咖啡行业紧缺的咖啡师人才，是摆在高职高专院校面前的重要任务。为此，广东创新科技职业学院精心组织了著名的教育界专家、优秀的咖啡专业教师、资深的咖啡行业专家一起编写了这套"高职高专院校咖啡师专业系列教材"，目的是解决高职高专院校开设咖啡师专业的教材问题；为咖啡企业培训咖啡人才提供所需的教材；为在职的咖啡从业人员提升自我、学习咖啡师相关知识提供自学读本。

本系列教材强调以工作任务带动教学的理念，以工作过程为线索完成对相关知识的传授。编写中注重以学生为本，尊重学生学习理解知识的规律，从有利于学生参与整个学习过程，从在实践中学、在实践中掌握知识的角度出发，注意在学习过程中调动学生学习的积极性。

在本系列教材的编写过程中，编者尽力做到以就业为导向，以技能培养为核心，突出知识实用性与技能性相结合的原则，同时尽量遵循高职高专学生掌握技能的规律，让学生在学习过程中能够熟练掌握相关技能。

本系列教材全面覆盖了国家职业技能鉴定部门对考取高级咖啡师职业技能资格证书的知识体系要求，让学生通过自己的努力学习，能顺利考取高级咖啡师职业技能资格证书。

本系列教材在版式设计上力求生动实用，图文并茂。

本系列教材的编写得到了不少咖啡界资深人士的热情帮助，在此，一并表示衷心的感谢！

由于编者水平所限，书中难免有不足之处，敬望大家批评指正。

广东创新科技职业学院
高职高专院校咖啡师专业系列教材编写委员会
2016 年 4 月

前　言

　　咖啡馆在中国早已不是新鲜事物，但很长时间以来，国内绝大部分咖啡馆却并不是只靠咖啡来营利的，造成这一现象的主要原因是人们对咖啡这一外来饮品的了解和接纳不够，另外咖啡的售价较高，也使普通消费者望而却步。目前，国内咖啡馆经营主要依靠各类饮品和简餐营利，本教材基于国内咖啡馆发展的这一阶段性特征，总结饮品制作的体会和经验，编辑成书，供咖啡师专业学生、咖啡馆从业者以及饮品制作爱好者学习。

　　需要说明的是，本教材涉及的饮品为适合在咖啡馆现场制作和销售的饮品，并未涵盖"饮品"概念下的所有类别，如酒精类饮品和灌装、盒装饮品，本教材均无涉及。本教材对饮品的分类也是基于"咖啡馆饮品"的特定范围设定的，与严格意义上的饮品分类有所不同。

　　本教材的实操内容均来源于实践工作，注重实用性和操作性，饮品质量经过市场和消费者的检验。本教材项目一至项目六由李颖哲和吴永惠共同完成，项目七由逯铮、吴永惠合作完成，其中使用的大量实物图片均由广州可卡食品有限公司提供拍摄场景及实物，由刘活佳、陈渭键、叶礼初三人拍摄完成，在此一并特别致谢！

　　由于时间紧迫、资源有限，书中内容难免会有不足之处，敬请谅解，并欢迎专家学者及广大读者批评指正！

编者

2016 年 4 月

Contents
目　录

项目三

项目四

项目五

项目六

项目七

专业调制饮品的常用制作工具与材料

 项目目标

1. 认识饮品制作的常用工具与材料。

2. 了解各类常用工具与材料的用途和注意事项。

3. 能够熟练掌握各类工具的操作方法，规范操作。

 课前任务

深入咖啡馆，观察了解制作饮品所需的工具，并对其进行分类（可以拍摄照片），然后带着问题和发现与同学们交流。

认识专业调制饮品的制作设备

任务一

专业的饮品制作和设备功能越来越细化，几乎每个品类的每个步骤都有相应的设备，我们先介绍几种常见的专业设备。

⫷ 专业调制饮品的制作设备 ⫸

名称 （图片）	功能	用途	规格 （单位：mm）	电制
咖啡机 	1. 制作浓缩咖啡 2. 打奶泡	制作咖啡饮品的基底	432×597×570	3 000～3 500W 220V 50Hz
美式咖啡机	1. 制作美式咖啡 2. 可通过预浸和脉冲批量冲煮萃取咖啡 3. 可调控咖啡浓度	制作咖啡饮品的基底	233×587×909	4 000W 220V 50Hz

（续上表）

名称 （图片）	功能	用途	规格 （单位：mm）	电制
磨豆机	根据需要将咖啡豆研磨成粗细程度不同的咖啡粉	研磨少量的咖啡粉	360×200×120	150W 220V 50Hz 2 600r/min
专业磨豆机	1. 可显示研磨粗细刻度 2. 可独立设置单双杯研磨量	可研磨出多种粗细程度不同的咖啡粉	368×194×510	360W 220V 50Hz 1 600r/min
意式磨豆机	低温碾磨咖啡豆，可完美保存咖啡的丰润香味，有专业的超细研磨度，另外配有压粉器	研磨咖啡粉	680×290×405	1200w 220v 1 400 r/min
制冰机	微电脑探测控制系统，直立式蒸发器，制冰	制作气泡饮品、冰沙类饮品	765×825×1 530 落冰最大产量：227kg 储冰量：180kg	918W 220V 50Hz

（续上表）

名称 （图片）	功能	用途	规格 （单位：mm）	电制
气泡机	1. 制作碳酸饮料 2. 控制饮品温度	制作碳酸类饮品基底	400×640×700	250W 220V 50Hz
封口机	自动超温断电控制，适合任何饮料杯置杯、封杯、取杯	外卖饮品封杯	410×260×550	300W 220V 50/60Hz
果糖定量机	1. 定量多种不同的糖量类型 2. 加热果糖，避免冬季果糖黏稠	调制奶茶	370×255×415	300W 220V 50/60Hz
萃茶机	1. 萃茶 2. 打奶泡 3. 制冰沙	制作茶饮品、咖啡饮品、冰饮	190×215×230	1 200W 220V 50Hz

（续上表）

名称 （图片）	功能	用途	规格 （单位：mm）	电制
蒸汽机	1. 高压蒸汽打奶泡 2. 快速加热奶茶	打奶泡	300 × 420 × 520 锅炉容量：7L	2 000 W 50Hz 220V
热水机	1. 每小时可产开水 25L 2. 全系统数控 3. 防高温、防溢水、防干烧	为热饮品提供开水	320 × 180 × 630 出水量 25L/h	3 000 W 220V

认识专业调制饮品的制作器具

任务二

为了精确把握饮品的质量、口感、温度，在制作饮品时还需要用到很多辅助性的器具。

专业调制饮品器具的种类、用途及规格

名称（图片）	用途	规格（单位：mm）
电子秤 	饮品耗材称重	225×155×40
电磁炉	制作茶饮品	350×450×135

（续上表）

名称 （图片）	用途	规格（单位：mm）
温度计	测量水温，以数字显示	总长度 235，探针长度 14.5
计时器	1. 计算某一步骤的制作时间 2. 计算饮品出品时间	23.2 × 82 × 76
甜度计	1. 精确测量甜度 2. 可用于饮品研发和饮品的品质控制	40 × 40 × 200
虹吸壶	利用虹吸原理制作精品咖啡	370 × 140 × 140

（续上表）

名称 （图片）	用途	规格（单位：mm）
手冲壶	盛放温度适宜的饮用水，制作手冲咖啡的必备工具之一	12×92×163×110
滤杯	配合滤纸和手冲壶制作手冲咖啡	170×150 （根据不同型号，尺寸有所不同）
滤水机	净化水中杂质	430×130×380
不锈钢煮茶桶	煮茶	根据型号的不同，尺寸规格从200×200×1到600×600×1.5不等
打蛋器	1. 打发鸡蛋蛋液 2. 打发奶油	180×250

认识专业调制饮品的制作耗材

● 任务三 ●

耗材是制作饮品不可或缺的材料，其质量直接关系到饮品的卫生问题，因此在选择时一定要严格把关。下面将介绍一些常用的专业调制饮品的制作耗材。

专业调制饮品制作耗材的种类及用途

名称（图片）	用途
冰激凌勺 	盛冰激凌球
标准量勺	称量咖啡粉、果粉、奶精等

（续上表）

名称 （图片）	用途
雪克杯 （又称摇杯、调酒壶， 分大、中、小三号）	1. 摇混冰块、奶粉、果汁、蛋、蜂蜜等材料 2. 使材料很快冷却 3. 使不易调和在一起的材料充分混合 4. 可用来制作泡沫红茶、泡沫绿茶等茶饮料
压汁器	手动榨取柠檬汁
滤网	过滤珍珠
茶匙	在取茶时，可避免以手直接接触茶叶，专业卫生
铝漏勺	过滤珍珠

（续上表）

名称 （图片）	用途
盎司①杯 	定量量取液体配料
吧叉勺（吧更） 	调制饮品时取冰用的冰叉，制作拿铁冰咖啡等饮品的必备工具之一
塑料量杯 	定量量取水、牛奶等配料
吸管桶 	盛放吸管、搅拌棒
吸管 	方便饮用饮品

---

① oz 是符号 ounce 的缩写，"盎司"（香港译为安士）是英制计量单位，作为重量单位时也称为英两。1 盎司 =28.350 克，1 盎司 =16 打兰（dram），16 盎司 =1 磅（pound）。

（续上表）

名称 （图片）	用途
糖浆瓶压嘴	固定在糖浆瓶口，压取糖浆
塑料杯	外观透明美观，适合盛常温、冰镇饮品，如水果类饮品，可打包外带
热饮杯和杯盖	具有一定的隔热性，适合盛茶类和咖啡类饮品，可打包外带
封口膜	封饮料杯

（续上表）

名称 （图片）	用途
过滤袋、隔渣袋 	过滤奶茶、果汁，茶叶隔渣

认识专业调制饮品的原料

● 任务四 ●

常去咖啡馆的人很容易发现，咖啡馆虽不同，但同类同质的产品却不少。然而，并不是在每家咖啡馆和饮品店都能品尝到令人满意的饮品。究其原因，除了技艺因素外，原料的选择也非常重要。可以说，原料是一杯饮品质量的决定性因素，值得千挑万选。下面介绍一些常用的饮品制作原料。

专业调制饮品的原料

名称（图片）	成分	用途	规格
咖啡豆 	咖啡豆	制作咖啡饮品	225g、450g
茶叶、茶包 （红茶、绿茶、乌龙茶等）	茶叶、食品添加剂、食用香精	制作奶茶饮品、水果茶饮品等	茶叶：500g/袋 茶包：2g、4g、6g、8g

（续上表）

名称 （图片）	成分	用途	规格
调味果汁 （果浆、果露） 	（草莓、金橘、柠檬、柳橙、蓝莓、芒果、酸梅、百香果等）果汁原浆、白砂糖、食用香精	制作果汁饮品	700～1 000cc

（续上表）

名称 （图片）	成分	用途	规格
果冻 （彩色蒟蒻、高纤椰果）	葡萄糖、卡拉胶、食用香精	配料、装饰	3kg
果酱 （草莓、百香果、芒果等）	水果果肉、食用香精、葡萄糖、水等	制作果汁饮品	1kg
烹煮成品罐头 （红豆、芋头、绿豆、花豆、烧仙草等）	红豆、绿豆、水、白砂糖等	配料、装饰	900g、3kg

（续上表）

名称 （图片）	成分	用途	规格
原粉类 （咖啡粉、红茶粉、奶盖粉、巧克力粉、植脂末、抹茶粉、黑糖姜母粉等） 	葡萄糖、白砂糖、原粉、食用香精	制作奶茶饮品等	1kg
调味粉 （三合一咖啡、三合一奶茶、草莓粉、芋头粉等） 	葡萄糖、白砂糖、植脂末、食用香精等	制作果味奶茶饮品	1kg

（续上表）

名称 （图片）	成分	用途	规格
布丁果冻粉 （鸡蛋布丁、豆腐布丁、巧克力布丁、原味果冻、爱玉冻粉） 	葡萄糖、卡拉胶、食用香精等	配料、装饰	1kg

（续上表）

名称 （图片）	成分	用途	规格
糖浆 （玫瑰香蜜、石榴香蜜、焦糖、香草、榛果、薄荷、太妃糖等） 	糖水、甘蔗汁、果汁或者其他植物原汁等	烹调、咖啡调配、果汁调配、调酒，亦可直接冲饮	2L、16L
糖类 （果糖、二砂糖、黑砂糖） 	葡萄糖、麦芽糖、食品添加剂	为饮品调味	1kg
珍珠粉圆 	木薯粉、水、食品添加剂、食用香精	配料、装饰	1kg

（续上表）

名称 （图片）	成分	用途	规格
话梅 	梅子、糖、盐	调制饮品	500g
巧克力饼干碎 	小麦粉、白砂糖、食用植物油	可用于奶茶、冰激凌、卡布奇诺和摩卡咖啡、冰沙、绵绵冰等的制作	400g

饮品搭配原则

 项目目标

1. 了解味觉知识。

2. 了解影响饮品出品的因素。

3. 掌握饮品搭配的原则。

4. 掌握饮品的制作方法与规律。

 课前任务

1. 以混合饮用、先后饮用等方式品尝带有酸、甜、咸等口味的饮品，看看会产生怎样的味觉体验。

2. 品尝3家以上咖啡馆的同类饮品，对其从口感、外观、出单时间、服务等各方面比较优劣，找出各自的特点，并分析其原因，在课堂上和同学们讨论。

学习与饮品制作有关的基本知识

● 任务一 ●

一、饮品的定义

饮品是食品的一部分，是通过不同配方和工艺加工制成的，能够满足人体机能正常需要的，可以直接饮用，或者以溶解、稀释等方式饮用的食品。一般来说，凡是不经过咀嚼便可直接食用的产品均属饮品的范畴。

饮品一般可分为含酒精饮品和无酒精饮品。无酒精饮品又称软饮品，本教材所介绍的饮品均为无酒精饮品。按照 GB10789—2007 通则，我们将无酒精饮品分为果蔬汁饮料类、蛋白饮料类、包装饮用水类、茶饮料类、咖啡饮料类、固体饮料类、特殊用途饮料类、植物饮料类、风味饮料类和其他饮料类 10 类。由于本教材内容专门针对咖啡馆售卖的常见饮品，因此分为五类，即咖啡饮品、茶饮品、水果饮品、奶制饮品、冰激凌饮品。

二、人类是唯一的美食家——关于味觉的知识

1. 味觉的基础知识

味觉是指食物在人的口腔内刺激味觉器官中的化学感受系统时产生的一种感觉。从味觉的生理角度分类，传统上只有四种基本味觉：酸、甜、苦、咸；第五种味道——鲜是近些年由日本化学家发现并提出的。因此可以认为，目前被广泛接受的基本味道有五种：苦、酸、甜、咸以及鲜，它们是食物直接刺激味蕾产生的。

呈味物质刺激口腔内的味觉感受器，然后通过收集和传递信息的神经感觉系统传导到大脑味觉中枢，最后通过大脑综合神经中枢系统的分析，从而产生味觉。不同的味觉由不同的味觉感受器产生。

口腔内感受味觉的主要是味蕾，其次是自由神经末梢。婴儿有 10 000 个味蕾，成人则有几千个，味蕾数量随年龄的增长而减少，年龄越大对呈味物质的敏感性越低。味蕾大部分分布在舌头表面的乳状突起中，尤其是舌黏膜皱褶处的乳

状突起中最密集。味蕾一般由 40～150 个味觉细胞构成，平均 10～14 天更换一次，味觉细胞表面有许多味觉感受分子，不同物质能与不同的味觉感受分子结合而呈现不同的味道。人从呈味物质刺激到感受到滋味仅需 1.5～4.0ms，比视觉、听觉、触觉的反应都快。

在五种基本味道中，人对咸味的感觉最快，对苦味的感觉最慢，但就味觉的敏感性来讲，人对苦味比对其他味道都敏感。

2. 味觉的相互作用

两种相同或不同的呈味物质进入口腔，会使二者呈味味觉都有所改变的现象，称为味觉的相互作用。

（1）味的对比作用。

味的对比作用是指两种或两种以上的呈味物质，经过适当调配，可使某种呈味物质的味道更加突出的现象。有人做过试验，在 15% 的砂糖溶液中加入 0.017% 的食盐，结果发现这种糖、盐混合溶液比纯糖溶液更甜。

我们在烹调菜肴中也往往是先确定菜肴的主味，然后再加其他辅味。如以咸味为主的菜，可以加上 25% 盐量的糖，虽吃不出甜味，但可使咸味更鲜醇。制作以甜酸味为主的菜，也要加上适当的盐，才能使菜肴更好吃。这些都是对比作用的妙用。

（2）味的相乘作用。

味的相乘作用是指两种具有相同味感的物质进入口腔时，其味觉强度超过两者单独使用时的味觉强度之和，又称为味的协同效应。甘草铵本身的甜度是蔗糖的 50 倍，但与蔗糖共同使用时末期甜度可达到蔗糖的 100 倍。

（3）味的消杀作用。

味的消杀作用指一种呈味物质能够减弱另外一种呈味物质的味觉强度的现象，又称为味的拮抗作用。有烹饪经验的同学知道，当我们不慎把菜做得过酸或过咸时，如果放些糖，就会使酸或咸味有所缓和。

有经验的厨师在处理鱼类或者牛羊肉、内脏等带有腥膻气味的原料时，会多加些糖、醋、酒、葱、姜、蒜等调料，以去除其不良气味。这就是利用了味的消杀作用的原理。

（4）味的变调作用。

味的变调作用指两种呈味物质相互影响而导致其味感发生改变的现象，如刚吃过苦味的东西，喝一口水就觉得水是甜的；刷过牙后吃酸的东西就有苦味产生。

（5）味的疲劳作用。

味的疲劳作用是指当长期受到某种呈味物质的刺激后，味觉细胞对就感觉刺激量或刺激强度减小的现象。

3. 味觉能够引发情感活动

人的外部感觉主要有视觉、听觉、嗅觉、味觉和皮肤感觉五种形式，这些感觉互相协助，彼此配合，为人的整体感受服务，是推动人类不断进步和日臻完善的动力和源泉。

出于追求进步和完善的天性，人的所有感官都不断渴望被舒适的感觉占领。因此，对视觉的追求推动了绘画、雕塑、舞蹈等艺术门类的诞生与发展，而对听觉的追求则带来了音乐旋律、和声的发展，人们对味觉的追求更是从来不曾懈怠过，由此而诞生的农业种植、畜牧、美食、饮品加工等产业更是层出不穷。为了使进餐成为一件愉悦的事，人们不惜充分调动听觉（音乐）、视觉（色彩、美术、建筑）、嗅觉等多种感觉来营造风格各异的就餐环境，为美味服务。

回顾人类历史，随着糖、香草、咖啡、茶等原料的发现和应用，味觉的世界获得了一个又一个里程碑式的发展，人类的口腔不断地接受着新口味的礼遇。

虽说味觉的基本作用是确定味道，并判定某种东西是否可食用，但除此之外，味觉还是人们用来享受美味的工具。无论从心理层面还是物质实体层面来讲，味觉都能使人兴奋，给人们带来愉悦的感受，抚慰人们在生活中遭受的创伤。特别是在基本的生存与温饱问题被解决后，美味就可以更广泛地服务于人类了。无论是跟重要的朋友见面还是跟陌生人谈判，无论是无目的的交流还是商务会谈，人们都离不开美味的陪伴，特别是原材料相当丰富的各类饮品，几乎可以满足人们对各种场合与口味的需求。

4. 饮品更容易被味觉感知

味觉是在潮湿条件下诱发的感觉，也就是说，味觉分子必须溶于液体中，以便被覆盖于味觉器官表面的神经突感受器、吸盘等所吸收。物质的水溶性越高，味觉产生得越快，消失得也越快，一般呈现酸味、甜味、咸味的物质有较高的水溶性，而呈现苦味物质的水溶性则不高。且由于物理特性的不同，相对于固体食物来说，饮品更容易使味觉接收，也更容易使人感到愉悦。

从解渴角度来说，纯水是最有效的，但人们还是更喜欢喝有味道的饮品。因为纯水不包含味觉分子，不会产生味觉。人们喝水就仅仅是为了解渴，而喝美味的饮品，却还可以瞬间产生愉悦的感觉。

三、水对饮品质量的影响

影响一杯饮品口感的因素有很多，水是其中非常重要的因素之一，水的用量、质量、温度都会对饮品的口感产生决定性影响。

1. 水量及饮品制作的黄金比例

水和制作饮品原料的用量配比，决定了饮品口味的浓淡。我们在经过反复实验和对比之后，选择了最佳的配比进行记录。为了方便，可以选择以标准刻度为准记录，也可以以固定容器的容积为基准来记录。例如，本书中提供的饮品制作的配比多是以 500cc 容量为标准而制定的。

"黄金比例"原本是一个数学概念，但被广泛地应用于与创造性有关的多个领域，指事物呈现最完美状态时，其组成成分之间的比例。在饮品制作的领域，同样存在着黄金比例，但这并不是一个适用于所有饮品的固定数值，每一类饮品都拥有属于自己的黄金比例。例如，严格的茶叶评审认为，用 150cc 的水冲泡 3g 绿茶茶叶为最佳比例，即水与茶叶的用量为 1∶50。

追求黄金比例，需要反复尝试主料与配料的比例，水与各种原料的量的比例，水温、水质与原料等多种因素之间的配比，制作时间的限定等。饮品制作是一个充满无限可能的、变化多端的领域，而研发和制作饮品则是在这个领域中不断探寻的过程，追求饮品制作的黄金比例代表了饮品制作的精神。

2. 制作饮品的水需要控制的微量元素指标

水的微量元素会决定水的口感和软硬度，微甜的口感一般是钙产生的，镁会产生一定的硬度和金属感，钠则使口感清冽。口干舌燥的时候，人会对这些矿物质的味道极为敏感，喝天然泉水觉得清甜，这便是钙、镁、钠的共同作用。

对水的味道有影响的主要有硬度、溶解性总固体、碳酸根、氯离子、硫酸根、硅酸根、铁、锰、余氯、高锰酸盐指数等十余种因素。完全不含杂质的水并不好喝，也不适合用来制作饮品。

以上一部分指标在适宜的区间内，可以提升水和饮品的口感，但超出适宜区间，就会对人体和味觉造成负担。因此在选择饮品制作用水时，需要关注这些指标。

一般来说，优质的饮用水应该具备以下特点：

（1）总硬度（以碳酸钙计）为 50～150mg/L。

（2）含有一定的氧气和二氧化碳。

（3）水中矿物质的含量适当，特别是一些矿物质含量必须均衡，否则水的口感便不好，如钙含量适当时略带甜味，钠含量高有咸味，镁含量过高有苦味等。据日本科学家研究，好喝的水中含有的离子主要是钙、钾、硅酸根等，而镁、硫酸根等成分含量高则导致水的口感欠佳。

（4）好喝的水的最佳温度为14℃。

（5）分子团小是水甘甜、爽口的必要条件。

（6）消除外来污染物，如霉菌、藻类、铁锈等带来的异味和异臭。

（7）消除生产过程中臭氧等消毒剂副产物带来的异味。

3. 水温对饮品质量的影响

不同的饮品需要不同的水温，只有温度适宜才能发挥它最大的魅力。例如，咖啡的最佳营养温度为14℃或85℃，果汁的最佳营养温度为22℃，而果汁的最佳口感温度为8℃～10℃，尤其夏日最常见的西瓜汁在8℃时口感最佳，低于这一温度就尝不出西瓜又甜又沙的口感。茶叶的水温与所泡茶的质量有很大关系，不同茶叶对水温的要求不同，如不发酵茶（碧螺春、龙井等）和部分花草茶（茉莉花茶等）、水果茶需煮沸后凉至70℃～80℃，这样才能保留住茶叶中的维生素C、叶绿素等营养物质；相反如果水温过高，茶汤容易偏苦，色泽不佳。

除了影响饮品的口感外，水温对饮品的营养也会有影响，例如含有蜂蜜的饮品，水温不可超过60℃，否则会破坏蜂蜜的营养成分。

认识饮品制作工序的重要性

● 任务二 ●

一、制作工序的固定性

尽管每种饮品的制作工序不尽相同，但它们都遵循工序固定性的原则，即制作饮品工序的先后顺序是不变的。如果随意调整，饮品的口感和质量将会受到影响，从而使出品变得不够稳定。

目前餐饮业流行标准化操作，与工序的固定性原则有相似之处，但并不完全相同。

餐饮标准化通常是指餐饮连锁企业在发展过程中，对生产流程进行衡量、不断细化，直至可以实现标准化的过程。各企业对原料的采购，包括每一块原料如何处理、切成什么形状、多大尺寸，食物烹饪轨迹，添加调味料的种类和分量，以及面向前端的服务都会制定一整套系统的标准，从而为餐饮企业实现工业化奠定了基础。

标准化是为了工业化而做准备的，餐饮实现工业化，才可能做到大规模的扩张，在餐饮市场占据一席之地；没有标准化，餐饮店的内部管理和控制就难以把握，新产品的开发和上市速度也赶不上市场的步伐。所以餐饮标准化可以说是餐饮连锁企业的第一要务。

饮品制作工序的固定性是对工作顺序的一种规定，也可以算作是标准化的一个环节，或实现标准化的基础之一。

作为一名饮品制作人员，应该学习标准化操作规范，但作为一名饮品研发人员，则要成为参与制定标准化操作规范的一环。

二、出品时间的规定性

对饮品的出品时间进行明确的规定，不单是出于提高服务质量的目的，而且饮品的出品时间对饮品的口感、质量都会有所影响。例如，康宝蓝咖啡若出单时间太长，奶油被咖啡融化，外观和口感都会受到影响，果汁类饮品也会因出单时间太长而氧化，不仅使外观丢分，也使营养流失。

一般情况下，对饮品的出单时间进行规定时，要考虑到以下几个因素：①工作程序的规范化、标准化；②操作前、中、后各个环节均符合卫生要求；③成本控制合理化；④饮品所有材料的特质，如挥发性、营养性等。

学习饮品装饰

● 任务三 ●

一、饮品装饰的概念

饮品装饰是指利用水果、饼干碎、塑料吸管等材料对杯装饮品进行装饰、点缀的一种做法，也可以称为杯饰。咖啡馆出售的饮品有一部分是会进行装饰的。饮品装饰不但可以对饮品起到美化作用，使饮品的色彩整体趋于丰富、和谐，还能增添情趣，渲染气氛，提升饮品的整体品味。

总体来说，在追求快速、简洁的当下，饮品的装饰也奉行简洁、快速的原则。

二、饮品装饰的分类及常用原料

按照是否可食用的标准划分，可将饮品装饰分为可食用类装饰和不可食用类装饰。

1. 可食用类装饰

可食用类的装饰有橙子、柠檬、樱桃、青橘、提子、圣女果、苹果、草莓、薄荷叶、巧克力饼干碎、脆米等。这些原料具有色彩鲜明、可塑性强等特点。大多数情况下，水果饮品和茶饮品常会以水果为主要装饰原料，而咖啡饮品、冰激凌等则会较多用到饼干碎、脆米等。这类装饰品虽然可食用，但大部分并不会被食用，它们仅仅起到装饰的作用。

2. 不可食用类装饰

有些饮品会使用不可食用的装饰品，例如小纸伞，另外有些水果的外皮也会充当杯饰，但也不可食用。色彩丰富的吸管和造型轻巧的搅拌棒等小工具本身也是重要的装饰品。

根据杯饰的位置，可分为杯口装饰和饮品内装饰。杯口装饰即利用装饰品的缝隙或牙签等物挂或插在饮品杯口上的装饰。饮品内装饰则是将装饰品直接放入饮品内，如小雏菊、薄荷叶、柠檬片等常见材料便具有此类用途。

三、饮品装饰的原则

饮品装饰的使用是比较灵活的，且创意性较强，但无论创意如何，都应该遵循以下几点基本原则：

（1）选用的原料必须新鲜、健康、卫生、无污染、无怪味。

（2）色彩搭配要和谐，对比适度，避免顺色搭配，除了要考虑材料与杯子之间的搭配外，还要考虑杯饰与饮品本身的合理搭配。

（3）刀工要精细、准确。

（4）根据饮品的色彩基调和口味风格选择杯饰类型。

（5）杯饰要适度。

四、学习几款饮品装饰的制作方法

1. 樱桃杯饰：花雨伞

（1）取一横切的柠檬片，固定在杯口。

（2）将一颗红樱桃切口固定在杯口，再用一支彩色的小雨伞插入樱桃固定即成。

2. 西瓜杯饰：月如钩

（1）西瓜片切去一半果肉，再用小刀将果皮切成锯齿状。

（2）将瓜皮弯曲造型，并以竹签固定。

（3）将制作好的西瓜杯饰横置于杯口即成。

3. 柠檬杯饰：别致杯饰

（1）西瓜如图切去四分之三的果肉，再用小刀将果皮切成锯齿状。

（2）切一片柠檬，以剑叉连插一颗樱桃及柠檬片，再刺入果肉中固定。

（3）将制作好的杯饰横置于杯口即成。

4. 柠檬杯饰：灿烂春天

（1）取1/6片（或1/8片）柠檬，用小刀沿柠檬皮切开，深及一半即可。

（2）在翻开的一半果皮上，左右各切入一刀，亦深及翻开柠檬皮的一半。

（3）用手将左右两小瓣柠檬皮向内压，使之卡在果肉上。

（4）用剑叉在两瓣柠檬皮间插入一颗红樱桃，再用小刀将柠檬果肉切开一半卡在杯口，即成一个美丽杯饰。

5. 苹果杯饰：小画舫

（1）取 1/6 片苹果，用锐利的小刀由外而内小心切刻出层次。

（2）中间横切一刀，即可将一层层的苹果片向左右推开。

（3）取一小段竹签先穿入一颗绿樱桃，再插入苹果肉中央。

（4）将做好的杯饰横置于杯口，即成一个具有创意的杯饰。

6. 苹果杯饰：小白兔

　　（1）取 1/6 片（或 1/8 片）苹果，用小刀在果皮上任意画一个 V 字，削出一片三角形果皮，然后将剩下的果皮切成兔耳形状。

　　（2）用剑叉由侧面插入一颗红樱桃，使杯饰色彩更鲜艳。

　　（3）将做好的杯饰横置于杯口，即成一个具有趣味性的装饰品。

7. 凤梨杯饰：旺旺来

（1）切取约 1/8 带叶的凤梨头部，先在叶片边缘用剑叉插入一颗红樱桃，再用小刀在果肉部分切一刀，约深及果肉的一半。

（2）将制作好的凤梨杯饰横置于杯口即成。

给失败的饮品 "把把脉"

● 任务四 ●

在饮品制作的初期，由于缺乏经验的积累，做出的饮品很容易有口感不佳等问题，当做出了"失败"的饮品时，我们可以尝试去做：

（1）思考饮品制作失败的原因有哪些。

（2）挑出制作不够完美的饮品，品尝后写出饮品的不足之处，讨论后找出改善的办法。再制作一次，直至完善。

（3）将以上经验制作成如下表格。

饮品总结表

序号	项目		描述不足点	分析原因	调整措施
1	外观				
2	口感				
3	味道	前味			
		中味			
		后味			
4	温度				
5	杯饰				
6	其他				

研发一款新式饮品

● 任务五 ●

饮品制作是一个创造性的过程，基于以上内容的学习和演练后，同学们可以尝试自行研发和创作新式饮品，请尝试：

（1）列出研发的思路（材料、工序、季节性、口感、装饰）。

（2）记录调整过程。

（3）记录试饮反馈。

咖啡饮品

 项目目标

1. 了解咖啡饮品的主要类型。

2. 掌握咖啡饮品的研发规律。

3. 掌握制作咖啡饮品的技巧。

4. 研发一到两款咖啡饮品。

 课前任务

品尝并对比咖啡与咖啡饮品，说说两者的差别。

学习咖啡饮品的相关知识

任务一

一、咖啡饮品的定义

从严格意义上来说，咖啡仅指单纯由咖啡粉萃取而来的饮品，不含奶、糖等任何调味料。只有单品咖啡和浓缩咖啡属于咖啡，而在单品咖啡、浓缩咖啡基础上，添加任何调味料调制而成的饮品皆为咖啡饮品。例如我们经常喝的卡布奇诺、拿铁等，都属于咖啡饮品。目前在中国饮品市场，饮用咖啡的人并不多，大多数人饮用的都是咖啡饮品。

二、奶类在咖啡饮品中的作用

牛奶、奶油、植脂末等原料是制作咖啡饮品的非常重要的原料之一，它们的加入可以使咖啡饮品增白、增稠、增滑、中和苦涩。而能够最好地满足这几种效果的便是植脂末，即"奶精"（后面章节会有详细论述），因为它可以量身定做，没有固定的标准比例。"奶精"主要以氢化植物油、糖类、酪蛋白为主原料，再辅以乳化剂、稳定剂、香精合成。用作咖啡饮品的植脂末应达到以下指标：①增白效果：与酪蛋白多寡、脂肪球大小、微胶囊技术有关；②溶解性：与颗粒大小、颗粒的扩散性、乳化效果、焦粒的多寡有关；③增稠性：与蛋白质的多寡有关；④中和性：与乳化效果、选择原料与配比有关。

一般植脂末生产业者在产品型录上标榜的更多是机能与应用，绝不会出现营养价值或可以取代奶粉等声明。植脂末绝大多数应用在休闲饮品、副食品的范畴上，本来就不适合以营养标准来检验，就如同用营养标准去检验糖果、可乐是一个道理。以"奶精"为名是有历史渊源的，奶油的英文是 cream，加在咖啡中的牛奶、炼奶、奶粉、鲜奶油都称 creamer，植物性的奶、植脂末都叫 non-dairy creamer，或者也直接称 creamer。所以"奶精"creamer 是个统称，不一定必须是牛奶或有牛奶成分，充其量是"动物奶精"与"植物奶精"的细分而已。

制作康宝蓝咖啡 （Con Panna/Espresso Con Panna）

● 任务二 ●

一、配方

浓缩咖啡液	鲜奶油	黑糖粉
50cc	加满	少许装饰

二、制作工序

（1）用咖啡机单头萃取咖啡液。

（2）将鲜奶油打发。

（3）将咖啡液倒入杯底。

（4）杯中加入已打发的鲜奶油。

（5）撒上少许咖啡粉装饰。

三、口感

最先入口的是柔滑香甜的奶油，其中略带一点咖啡油脂的香醇，之后便是咖啡浓郁强劲的口感。

康宝蓝的正确饮用方式

• 要尽快饮用。康宝蓝咖啡出品后要第一时间饮用，这样冰奶油和热咖啡的分层才能更明显。奶油会被咖啡融化，所以不可长时间放置。

• 饮用时不要搅拌，要尽可能在短时间内从上而下依次大口喝下。康宝蓝的饮用会在短时间内令人经历丰富的层次感和变化：初尝奶油的甜美，再遭遇浓郁咖啡的"突袭"。

背景
知识

康宝蓝，意大利语全名为 Espresso Con Panna，其中 Espresso 为浓缩咖啡，Con 在意大利语里相当于英语中的 with，Panna 是鲜奶油的意思。顾名思义，康宝蓝就是"浓缩咖啡加鲜奶油"。

制作美式冰咖啡 (Iced Caffé Americano)

● 任务三 ●

一、配方

浓缩咖啡液	果糖	冰块	开水	奶油球
50cc	30g	250g	100cc	2 颗

二、制作工序

（1）用咖啡机双头萃取咖啡液，萃取时间 18 ~ 25 秒。

（2）往雪克杯中加入冰块、果糖、开水。

（3）摇 12 ~ 15 下，倒入咖啡杯中。

（4）加入咖啡液（配奶油球）。

三、口感

冰咖啡的味道释放层次分明、口感变化丰富细腻，仔细品味，可依次感受到其冰爽、甘醇，回味无穷。

- 美式冰咖啡出品时，一定要为顾客预留加牛奶的空间。
- 美式冰咖啡的做法不止一种，使用其他设备也可以制作同样美味的美式冰咖啡。

制作特调冰咖啡

任务四

一、配方

咖啡液	咖啡专用奶精	黑糖粉	二砂糖	奶油球	冰块	开水
50cc	25g	10g	10g	1 颗	200g	50cc

二、制作工序

（1）咖啡机双头萃取咖啡液。

（2）雪克杯中加入咖啡专用奶精、黑糖粉、二砂糖、开水、咖啡液，搅拌均匀。

（3）加入冰块和奶油球。

（4）摇 12 ~ 15 下，倒入杯中。

三、口感

咖啡特有的烘焙香气搭配奶油的丝滑浓郁，加之冰块很好地消解了甜腻之感，令人回味无穷。

冰咖啡用深度烘焙的浓缩咖啡制作，口感更好。

制作卡布奇诺咖啡 （Cappuccino）

任务五

一、配方

浓缩咖啡液	牛奶泡	七彩米
25cc	加满	少许

二、制作工序

（1）咖啡机单头萃取咖啡液。
（2）冰牛奶倒入拉花杯，用蒸汽机打发成牛奶泡。
（3）牛奶泡倒入装有已萃取的咖啡液的咖啡杯。
（4）撒上少许七彩米作为装饰。

三、口感

由香甜绵软的奶泡过渡到咖啡本身的浓郁，由温柔过渡到硬朗，口感变化明显，层次丰富。

背景
知识

20 世纪初，意大利人阿奇加夏发明蒸汽压力咖啡机的同时，也创造了卡布奇诺（Cappuccino）咖啡。卡布奇诺是在偏浓的咖啡上，倒入以蒸汽发泡的牛奶，此时咖啡的颜色就像天主教教会修士所穿的深褐色道袍的颜色，而咖啡上方尖尖的奶泡就像修士头上的小尖帽，所以用修士的服饰名称 Cappuccino 来命名。

制作摩卡奇诺冰咖啡 （Mochaccino/Moccaccino）

任务六

一、配方

浓缩咖啡液	巧克力粉	鲜奶	二砂糖浆	淡奶油	冰块	巧克力酱
50cc	20g	150cc	30cc	150g	适量	少量

二、制作工序

（1）将20g巧克力粉加入咖啡杯中。

（2）加入浓缩咖啡液50cc，用吧叉勺搅拌使咖啡和巧克力粉充分混合后再加入30cc二砂糖浆搅拌。

（3）加入冰块后搅拌均匀，再加入150cc鲜奶。

（4）在咖啡上面挤上打发的淡奶油至满杯。

（5）最后淋上巧克力酱作为装饰。

三、口感

巧克力酱与咖啡完美融合，在体验咖啡微苦香醇的同时又能感受巧克力的甜蜜与丝滑，口感厚实、浓郁、润泽。

背景
知识

某些欧洲和北美的吧台里摩卡奇诺（Moccaccino）表形容加入了可可或者巧克力的意式拿铁咖啡。在美国，摩卡奇诺就是指加入了巧克力的意式卡布奇诺。摩卡咖啡（Cafe Mocha）是一种最古老的咖啡，其历史要追溯到咖啡的起源。它是由意大利浓缩咖啡、巧克力酱和牛奶混合而成的。可见，我们现在常喝的摩卡奇诺咖啡与它最原始的样子十分相似。

研发一到两款咖啡饮品

任务七

一、思路

列出材料、工序、预期口味、装饰等。

二、实践与调整

请制表归纳饮品存在的问题，经分析讨论，列出调整步骤，并邀请非研发参与者试饮后，收集试饮反馈意见，再次进行调整，以达到预期效果。

茶饮品

 项目目标

1. 了解茶的历史、分类、特性。

2. 了解茶在饮品制作中的使用规律。

3. 掌握茶饮品研发的规律。

4. 研发一到两款茶饮品。

 课前任务

1. 了解茶的历史。

2. 品尝三种以上的茶，记录其口味特征、区别。

3. 深入咖啡馆了解哪些饮料中会用到茶叶。

4. 亲自冲一杯茶，了解茶叶的跳跃现象。

学习茶的相关知识

任务一

咖啡馆一般不出售单纯的茶水，但会以茶作为饮品的基础，添加水果、糖、奶等调味料，制作成符合现代人口味的饮品，也就是我们所说的茶饮品。

茶是茶饮品口味的主要决定者，要制作出一杯口感上佳的茶饮品，首先要熟悉茶的特性。所以学习茶饮品的制作，必须对茶的历史、特性有所了解。

一、茶的历史

"茶，始于药，而后为饮。"

我国是世界茶叶宗主国。茶树原为我国南方嘉木，茶叶作为一种著名的保健饮品，是古代中国南方人民对中国饮食文化的贡献，也是中国人民对世界饮食文化的贡献。根据植物学家和地质学家的分析，茶树至今已有 6 000～7 000 万年的历史。根据科学家的考证，茶的传播是以中国四川、云南为中心，向南推移，朝乔木化、大叶种发展；向北移，朝灌木化、小叶种发展。

隋唐时期，随着边贸市场的发展壮大，加之丝绸之路的开通，中国茶叶开始以茶马交易的方式，经回纥及西域等地向西亚、北亚和阿拉伯等地区和国家输送，中途辗转西伯利亚，最终抵达俄国及欧洲各国，从而大大促进了其对世界的影响。

到了明清时期，茶叶贸易迅速发展，茶叶出口贸易已经成为一种正式行业，先后传入印度尼西亚、印度、斯里兰卡、俄罗斯等国家。

新中国成立后，我国政府采取了一系列恢复和扶持茶叶生产发展的政策和措施，使茶叶生产得到了迅速恢复和发展。目前，我国有 20 个省、市、自治区产茶，且产量逐年增加，出口量不断递增。特别是近二十多年来，随着我国经济的繁荣发展，国人生活水平的提高，茶产业及茶文化的发展再一次凸显出蓬勃之势。

二、茶的科学属性

茶属于山茶科，为常绿灌木或小乔木植物，植株高达 1～6 米。茶树喜欢湿润的气候，可在我国长江流域以南地区广泛种植。茶树的叶子制成茶叶，泡水后饮用，有强心、利尿等功效。

茶与可可、咖啡并称当今世界的三大无酒精饮料，为世界三大饮料之首。无论国内国外，每天都有不计其数的人会饮茶。茶的实用性很高，可以制作冷饮、热饮，也可以调制各类水果及鲜花甚至香辛料等。

茶叶中所含的成分很多，有近 500 种，主要有咖啡因、茶碱、可可碱、胆碱、黄嘌呤、黄酮类及甙类化合物、茶鞣质、儿茶素、萜烯类、酚类、醇类、醛类、酸类、酯类、芳香油化合物、碳水化合物、多种维生素、蛋白质和氨基酸。氨基酸有半胱氨酸、蛋氨酸、谷氨酸、精氨酸等。茶中还含有钙、磷、铁、氟、碘、锰、钼、锌、硒、铜、锗、镁等多种矿物质，这些成分对人体是有益的，其中锰更是能促进鲜茶中维生素 C 的形成，提高茶叶抗癌效果。茶中各种成分之间的相互作用，对人体防病治病有着重要意义，故有"不可一日无茶"之说。

要分辨茶叶的好坏，除了看外观，还需审视茶汤的色泽是否明亮，香气是否悠长，有无杂味，汤液是否甘醇且喉韵佳。

三、茶的分类

中国茶叶的类别、品种很多，名称复杂，俗话说："茶叶学到老，茶名记不了。"我国茶叶品名逾 1 100 种，但至今尚无统一的分类标准。

茶从不同角度划分有不同的分类。根据茶的制作工艺和品质特点可分为绿茶、黄茶、白茶、乌龙茶、红茶与黑茶；根据茶叶生产加工方法可分为毛茶（初制茶）和成品茶（精制茶）；根据茶叶发酵程度可分为不发酵茶（绿茶，即龙井、瓜片、碧螺春茶、毛峰茶、云雾茶等）、半发酵茶（乌龙茶，即安溪的铁观音、武夷大红袍、台湾乌龙茶等）、全发酵茶（红茶，即印度大吉岭、阿萨姆等）和后发酵茶等（例如红茶为 95% 发酵，黄茶 85% 发酵，黑茶 80% 发酵，乌龙茶 60%～70% 发酵，白茶 5%～10% 发酵）。按照产地不同可分为高山茶和平地茶；按萎凋程度不同可分为萎凋茶和不萎凋茶：绿茶、黑茶、黄茶为不萎凋茶，白茶、乌龙茶、红茶为萎凋茶；按焙火程度可分为生茶、半熟茶和熟茶；按季节分类可分为春茶、夏茶、秋茶、冬茶。

此外还有再加工茶和特种茶。再加工茶有花茶、紧压茶、萃取茶、果味茶、药用保健茶等。特种茶则是超出我们已知的几大类别的茶，不属于其中的任何一种，例如颇具争议的普洱茶就属于特种茶。

普洱茶依据其制作方法分为生普洱和熟普洱。熟普洱是后发酵工艺，可归为黑茶类；而刚做好的生普洱茶或者说生毛茶，可归为绿茶类；然而存放了几年的生普洱茶就既不是绿茶，也不是黑茶了。

业内有观点认为，因为普洱茶既不同于绿茶也不属于黑茶，应该单独划分一类。还有观点认为，普洱茶是从绿毛茶到熟茶的中间过度体，最终还是要熟化成黑茶的，所以生茶只能归为半成品茶。然而，所谓的半成品茶也可以饮用，且具有独特的品质特征，因此还是应该作为一个单独的茶类。

2006年出版的云南省地方行业标准把普洱茶界定为特种茶，不属于任何一种茶类。随后在国家进出口商品的目录中，普洱茶也被放在了特种茶类中。所以，普洱茶不属于黑茶，也不属于任何一种茶类，是一种特种茶。

四、现代制茶工艺

"茶圣"陆羽在《茶经》中把茶的制作过程以及方法分为"晴采之，蒸之，捣之，拍之，焙之，穿之，封之，茶之干矣"。茶叶制作技术经过唐、宋、元、明、清几代的发展，技术和作业不断趋于科学化、创新化，发展到现代，制茶工艺过程演变为：采青、萎凋、发酵、杀青、揉捻、干燥（初制茶）、精制、加工、包装（成品）。

现代制茶工艺主要采用纯手工的方法，制茶的核心工序仍然采用手工炒茶。有一种说法叫"制茶三把火"，即杀青、干燥与焙火（"加工"工序中的其中一步）。杀青就是用高温把叶细胞杀死，停止发酵。干燥就是茶制成后，将水分蒸发掉。传统用炭火烤干，现代用热风吹干，热风来自瓦斯、汽油或电力。干燥有利于保证茶的质量。茶叶制成后，如果想让它喝起来有清香、温暖的感觉，可以用火来烘焙，即焙火，焙茶可以用木炭，也可以用电烤箱。

五、茶叶冲泡的黄金定律

所谓泡茶的黄金定律，指的是为了能泡出茶叶原有的独特香味所制定的基本规则。

1. 选用优良的茶叶
想要泡杯好茶，选择优良的茶叶是重中之重。所谓的优良茶叶，并不一定是指昂贵的茶叶。即使是再贵的茶叶，一旦放久了，一样会失去原有的风味。此外，如果不合自己的口味，也一样不能称为好茶。

2. 事先将茶壶温热
冷的茶壶无法泡出茶的原有风味，所以一定要温壶。此外，茶壶一定要清洗干净。如果茶壶没有洗净，泡出来的茶会带有异味。

3. 精确计算茶叶的分量

茶叶的分量会因茶叶的种类或茶叶的大小而不同，但基本上是以一茶匙茶叶泡一杯茶的比例为标准。

当茶叶为 1~2 毫米的大小时，为平平的一茶匙，约 2 克。

当茶叶为 2~3 毫米的大小时，为稍满的一茶匙，约 2.5 克。

当茶叶为 7~14 毫米的大小时，为满满的一茶匙，3~3.5 克。

4. 使用新鲜刚沸腾的开水

将完全沸腾的热水，一次性倒入装有茶叶的茶壶中。

5. 将茶叶焖一段时间

倒入茶壶中沸腾的开水会使茶叶产生跳跃现象（因热对流而产生的上下运动），需等待茶叶沉淀至壶底。这一段蒸焖的时间标准，依茶种不同而有所差别，大型叶片约 3 分钟，小型叶片 2~3 分钟，茶包约 1 分钟。

红茶及红茶饮品

任务二

一、红茶的相关知识

红茶属于全发酵茶，茶叶外观为红褐色，茶汤接近酒红色，故名红茶。世界红茶的主要产地有：印度的阿萨姆、大吉岭、尼尔几里；斯里兰卡（锡兰）的乌巴、第布拉、坎迪；中国的四川省、湖北省、云南省、广西壮族自治区；东欧的格鲁吉亚、高加索；东非诸国的乌干达、坦桑尼亚；日本的高知、鹿儿岛。我国的红茶主要有工夫红茶、小种红茶和红碎茶。

1. 工夫红茶

工夫红茶大都是传统的出口名茶，按产地分为祁门红茶、滇红、川红、闽红等。其中祁门红茶和滇红在海外的传播度最广。祁门红茶产自安徽祁门，茶叶冲泡后气味芳香、持久，有果香和兰香。祁门红茶口味比较百搭，一直是海外畅销品种。滇红产自云南，是云南红茶的一种，属于大叶种工夫红茶。相较于祁门红茶而言，滇红更富有刺激性，茶气更浓，牛奶或蜂蜜也难以遮盖其茶味。

2. 小种红茶

小种红茶是福建省的特产，分为正山小种和外山小种，小种红茶在海外享有较高声誉。冲泡后香气高长，带松烟香，味道类似桂圆或蜜枣，回甘甜蜜，气味比较浓烈。

3. 红碎茶

红碎茶是国际茶叶市场的大宗茶品。在加工过程中，传统的揉捻方法由机器代替，将条形茶切成规整、均匀的碎茶。优质的红碎茶颗粒结实，色泽乌黑油润，冲泡后香气、滋味浓厚，茶底均匀。由此可以看出，红碎茶与红茶末是完全不同的。

红茶可以帮助肠胃消化、提高食欲，可利尿，消除水肿，有强壮心肌的功效。适合饭前、空腹及日常饮用，更适宜冬季饮用，有暖胃的功效。

二、红茶的冲泡方法

根据红茶的茶叶形态来判断，不同的红茶分别适合制作成不同的饮品：细叶，一般都用来冲泡冰红茶或奶茶；中叶，即标准叶，较大众化，香味亦佳，适合调制任何种类的红茶饮品；大叶，冲泡出来的茶色较浓较厚，味道也较重，最好不加其他副料，单纯品饮；茶包是比较简易轻松的冲泡原料，但也要正确计算冲泡时间。

冲泡红茶应注意以下几点：

（1）茶器的选择。尽量选择玻璃制品或瓷器，若使用银、铁器具，温度将会很快降低，失去红茶本身的色泽和芳香。

（2）不可用矿泉水，以山水、江水、井水为佳。冲茶器具必须先用热水烫温，以保持红茶倒入后的温度。将沸水倒入茶壶后，立刻将茶壶盖盖上，以免茶香逸散。

（3）通常一人份的茶叶量约为3g（冰红茶6g），5人份以上则减少一人份的茶叶量，以免茶味太浓。

（4）开水以刚沸腾者为佳，温度为90℃~95℃，然后再以茶叶的粗细衡量冲泡时间，一般约为3分钟，大吉岭红茶则需4~5分钟，如用浸泡法则为5~7分钟。

（5）将红茶倒入杯中或雪克杯中时，请使用过滤袋滤除茶渣（如使用茶包则可免），然后再加入糖水摇晃。

（6）可依个人口味加入糖水、蜂蜜、果汁、水果、果酱、牛奶、咖啡、酒，则成为口感丰富的花式红茶。

（7）冲泡红茶需控制温度与时间。

①冲泡红茶时控制温度与时间的目的在于抑制茶叶中所含的单宁酸、多酚、茶碱及咖啡因，并使香味充分显现。

②红茶包不要在茶水中浸泡太久，5分钟后即可取出，续杯时再置入，以免迅速酸化、变涩，导致香味散失。

③大叶比细叶红茶高级，但大叶单宁酸含量较高，故冲泡时大叶所需水温要比细叶低5℃左右，但大叶冲泡时间要比细叶长约1分钟。

想泡出好喝的红茶，必须了解各种茶叶知识，不断累积泡茶经验才行。

三、冰红茶的制作

1. 配方

冰块	红茶水	果糖
150g	300cc	30g

2. 制作工序

（1）用茶匙将茶叶放入事先温过的茶壶中，一茶匙茶叶为一人份（根据茶叶的种类来增减茶叶的分量）。

（2）泡茶需70℃～80℃的热水。茶叶的量与冲泡纯热红茶相同，只是将热

水的分量减半，做成两倍浓度的茶汤。

（3）立刻盖上壶盖。焖茶的时间约为纯热红茶的二分之一即可。OP级茶叶焖两分钟，BOP级茶叶焖1分钟。（OP：橙黄白毫，BOP：碎橙黄白毫）

（4）在玻璃杯中放满冰块。将杯中多余的水先倒掉，然后将冰块搅拌2~3次后，用滤茶器将茶汤一次性滤进杯中。

如果以薄荷叶来装饰，则视觉效果更好。冰红茶就如格雷伯爵红茶一样，茶色清澄、香气浓郁，适合用单宁酸含量较少的茶叶来冲泡，例如锡兰红茶、肯亚茶等都很合适。

3. 口感

柠檬的酸中和了红茶的苦涩，同时二者又因混合而使本来的味道更加凸显，相得益彰。

柠檬红茶的制作

基本上与纯红茶的冲泡法相同，但是柠檬红茶有几个特别的要诀。首先是焖茶的时间应比泡奶茶的时间稍短。若能抑制茶所释放的涩味，会更适合冲泡柠檬红茶。此外，应先将柠檬切薄片，在喝茶前才放入，并搅拌2~3次后立刻取出，如果一直浸泡在茶水中则会出现苦味。

红茶底的制作

在咖啡馆中一般会事先制作红茶底，然后再根据不同饮品搭配不同原料后出品。现介绍红茶底的制作方法：

• 准备工具：电磁炉、计时器、电子秤、滤网、量杯、保温桶、煮茶桶、长吧更。

• 准备材料：红茶100g、水3 000cc、冰块2 000g。

• 制作方法：①称好100g红茶；②量杯量取3 000cc水倒入煮茶桶后放在电磁炉上煮沸；③当开水水温降至80度时，将茶叶倒入煮茶桶里搅拌，加盖焖10分钟；④把滤网放在保温桶上，再把焖好的茶过滤到保温桶中；⑤加入冰块搅拌均匀后备用。

绿茶及绿茶饮品

任务三

一、绿茶的相关知识

绿茶在茶的历史上是最早的茶类，也是我国产量最大的茶。绿茶属于不发酵茶，是以茶树新梢为原料，经杀青、揉捻、干燥等典型工艺过程制成的茶叶。干茶色泽和冲泡后的茶汤、茶底以绿色为主调，故名绿茶。绿茶名品主要有：西湖龙井、洞庭碧螺春、黄山毛峰、六安瓜片、太平猴魁、信阳毛尖、庐山云雾、竹叶青、雨花茶和安吉白茶等。

绿茶不但香浓味长，还有独特的造型，具有较高的艺术欣赏价值。根据干燥和杀青的方法不同，绿茶一般分为炒青绿茶、烘青绿茶、晒青绿茶和蒸青绿茶。

绿茶较多地保留了鲜叶内的天然物质，"儿茶素"是绿茶成分中的精髓，因此绿茶的滋味收敛性强，对防衰老、抗癌、杀菌、消炎有特殊功效。

二、绿茶的冲泡

绿茶用水的温度依茶叶的质量而定。总体的原则为茶叶品质越高，茶叶呈色越嫩绿，水温越低；中低档绿茶，则要用温度高一点的水来冲泡。冲泡芽叶细嫩，品质优良的绿茶，水温以70℃~80℃为宜。优质茶叶用温度过高的水冲泡，茶汤易黄，滋味易苦；而低档绿茶用偏低温度的水冲泡，则茶味单薄，无法充分渗透、释放。

茶叶与水的比例一般来说应以个人喜好而定，但严格的茶叶评审认为，用150cc的水冲泡3g绿茶茶叶为最佳比例，即1∶50。

三、抹茶柠檬的制作

1. 配方

冰块	二砂糖浆	果糖	日式抹茶粉	青柠檬	绿茶
200g	30cc	20g	15g	半颗（压汁30cc）	200cc

2．制作工序

（1）在冰沙机中加入冰块、二砂糖浆、果糖、日式抹茶粉，混合后打成冰沙。

（2）用压汁机压柠檬汁30cc后倒入500cc杯中，加入绿茶200cc。

（3）加入打好的冰沙即成。

3. 口感

柠檬与果糖的加入很好去除了抹茶的苦涩，使饮品更加清新爽口。

绿茶底的制作

•准备工具：电磁炉、计时器、电子秤、滤网、量杯、保温桶、煮茶桶、长吧更。

•准备材料：绿茶 100g、水 2 800cc、冰块 1 800g。

•制作方法：①称好 100g 绿茶；②量杯量取 2 800cc 水倒入煮茶桶后放在电磁炉上煮沸；③当开水水温降至 70 度时，将茶叶倒入煮茶桶里搅拌，加盖焖 12 分钟；④把滤网放在保温桶上，再把焖好的茶过滤到保温桶中；⑤加入冰块搅拌均匀后备用。

乌龙茶及乌龙茶饮品

● 任务四 ●

一、乌龙茶的相关知识

乌龙茶又名青茶，因茶的创始人而得名，属于半发酵茶，品种较多，是中国几大茶类中独具鲜明汉族特色的茶叶品类，为中国特有，主要产于福建、广东及台湾三个省。近年来，在四川、湖南等省也有少量生产。

乌龙茶包括：闽北乌龙，如武夷岩茶、大红袍、肉桂等；闽南乌龙，如铁观音、奇兰、水仙、黄金桂、本山、毛蟹等；广东乌龙，如凤凰单枞、凤凰水仙、岭头单枞等；台湾乌龙，如冻顶乌龙、包种、乌龙等。

乌龙茶在日本被称为"美容茶""健美茶"，因为它在减肥、健美方面有一定功效。乌龙茶的有机化学成分达 450 多种，无机矿物元素达 40 多种，其主要成分单宁酸与脂肪的代谢有密切关系。实验结果表明，乌龙茶可以降低血液中胆固醇的含量。

二、乌龙茶的冲泡方法

冲泡乌龙茶适合用刚滚开的沸水，如果用盖碗冲泡，则茶量为 5 ~ 10g；如果使用茶壶冲泡，则用茶量占小茶壶容量的四五成，占中茶壶的三四成，占大茶壶的两三成即可。第一泡时间约为一两分钟，时间若太短，茶汤的色泽不佳，香味也无法充分释放；若时间太长，则容易产生苦涩味。

三、乌龙茶饮品的制作

（一）樱花乌龙的制作

1. 配方

冰块	樱花乌龙茶	果糖
150g	250cc	30g

2. 制作工序

（1）雪克杯加入冰块、樱花乌龙茶、果糖。

（2）摇 12～15 下，倒入茶杯中。

3. 口感

乌龙的浓郁与樱花的清香游走于唇齿间，入口花香，继而回甘。

樱花乌龙茶底的制作

• 准备工具：电磁炉、计时器、电子秤、滤网、量杯、保温桶、煮茶桶、长吧更。

• 准备材料：樱花乌龙茶 100g、水 2 500cc、冰块 1 600g。

• 制作方法：①称好 100g 乌龙茶；②量杯量取 2 500cc 水倒入煮茶桶后放在电磁炉上煮沸；③当开水水温降至 85 度时，将茶叶倒入煮茶桶里搅拌，加盖焖 13 分钟；④把滤网放在保温桶上，再把焖好的茶过滤到保温桶中；⑤加入冰块搅拌均匀后备用。

（二）白桃爱玉的制作

1. 配方

白桃乌龙茶	开水	冰块	果糖	爱玉
1 包 ×4g	150cc	200g	30g	100g

2. 制作工序

（1）500cc 杯中加入爱玉到杯底。

（2）萃茶机加入白桃乌龙茶、开水，调至 4 档萃茶。

（3）雪克杯加入冰块、果糖、萃好的茶。

（4）摇 12 ~ 15 下，倒入茶杯中。

3. 口感

白桃的清香与乌龙茶的甘洌交织，层次分明，Q 弹的爱玉使饮品喝起来更有清凉之感。

花草茶的制作及保健功效

● 任务五 ●

一、花草茶的相关知识

花草茶是以花卉植物的花蕾、花瓣或嫩叶为材料，经过采收、干燥、加工后制作而成的保健饮品。花草茶虽然名为"茶"，但其实并不含茶叶的成分。

花草茶含有药理成分，例如芳香油具有防腐、消炎、止痛等作用，对人体免疫系统具有很大益处；单宁酸，也称鞣质，具有收敛、防感染的功效；水溶性维生素 A、C 等利于消化，有助于美容养颜；镁、铁、钙等矿物质有利于人体保健。

花草茶种类繁多、特征各异，因此，在饮用时必须弄清不同种类的花草茶的药理、药效特性，才能充分发挥花草茶的保健功能。

二、不同花草茶的功效

芙蓉花：含有丰富的维生素 C，能改善体质。

紫翼天葵：能缓解感冒、喉咙痛及咳嗽等病症。

茉莉：可改善昏睡及焦虑现象，对慢性胃病、经期失调也有功效。

甘菊：具有帮助睡眠、润泽肌肤的功效，也可改善女性经期不适的现象。

薄荷：有助于开胃、消化，可缓解胃痛及头痛，并促进新陈代谢。

柠檬草：可帮助消化、利尿，滋润肌肤及预防贫血，也有治疗腹泻及偏头痛的效用，但孕妇不宜食用。

马鞭草：可强化肝脏的代谢功能，并具有松弛神经、帮助消化及改善胀气的功效。

桃金娘：具有消炎杀菌，防治尿道炎、支气管炎及鼻窦炎的功效。

菊花：具有解毒、清热及缓解眼睛疼痛的功效。

迷迭香：能帮助消化，改善胀气、腹痛及头痛。

杜松果：有健胃利尿，预防膀胱炎、尿道炎，减轻关节疼痛的功效。

洛神花：可消除疲劳及便秘，并具有利尿、促进新陈代谢的功效。

紫薰衣：可减轻头痛、喉咙痛，有缓解疲劳，促进新陈代谢，滋润肌肤的功效。

蔷薇实：又称玫瑰果，含有丰富的维生素 C，具有养颜美容的功效。

菩提：有利尿、治疗头痛及焦虑，帮助消化及消除浮肿的功效。

矢车菊：可帮助消化，舒缓风湿疼痛，有助于治疗胃痛、支气管炎。

玫瑰花：能改善内分泌失调，解除腰酸背痛，对消除疲劳和伤口愈合也有帮助。

紫罗兰：能解酒醉，并有治疗伤风感冒的功效。

薰衣草：有助于镇静神经、帮助睡眠。

牡丹花：能减轻生理痛、降低血压，对改善贫血及养颜美容也有一定帮助。

金盏花：具有止痛、促进伤口愈合的功效，有助于治疗胃痛及胃溃疡，但孕妇不宜饮用。

大马士革粉红玫瑰：有养颜美容的功效。

三、花草茶的冲泡方法

花草茶一般使用玻璃器具来冲泡，最好使用纯净水，利于冲出清澈透亮的茶汤，水温在95℃以上为宜。如需加糖，则以多晶冰糖为最佳。

四、玫瑰洛神茶的制作

1. 配方

玫瑰洛神花	开水	冰块	果糖	寒天晶球	玫瑰花瓣
1包×4g	200cc	250g	30g	1勺	少许装饰

2. 制作工序

（1）在500cc杯中加入寒天晶球。

（2）在萃茶机中加入玫瑰洛神花、开水，调至4档萃茶。

（3）雪克杯加入冰块、果糖及萃好的茶。

（4）摇12～15下，倒入茶杯中。

（5）撒少许玫瑰花瓣作为装饰。

3. 口感

先酸后甜，有浓郁的玫瑰花与洛神花的香气，二者糅合交融后，更令人回味无穷。

背景
知识

　　玫瑰洛神茶是由玫瑰花干、洛神花干、果糖煮制而成的，属花茶类。玫瑰花含丰富的维生素 A、B、C、D、E 以及单宁酸，可以改善内分泌失调、对抗自由基、抗衰老，并能消除疲劳和促进伤口愈合。同时，玫瑰花茶能缓解感冒咳嗽的症状，减轻女性生理期的疼痛，促进血液循环，还可以防止便秘、缓和情绪、缓解抑郁，很适合上班一族。《食物本草》称其"主利肺脾、益肝胆、辟邪恶之气，食之芳香甘美，令人神爽"，而《本草正义》则进一步总结其特点：味甘、微苦、性温、无毒。它"香气最浓、清而不浊、和而不猛、柔肝醒胃、流气活血、宣通窒滞"。用于美容的玫瑰，是蔷薇科植物玫瑰初放的花朵。

　　洛神花本名叫玫瑰茄，但它既不是花，也不是茄，而是玫瑰茄开出的花的花萼，花谢后，花萼及其内的子房渐渐长大，结成像红宝石般的"果实"。洛神花的名字着实美丽，洛神本来是我国上古时期以美著称的女神，而洛神花本身形似花朵，泡制出的汤水颜色紫红，同样非常美丽。洛神花为锦葵科，木槿属，一年生，可做天然色素、食品原料，为药用草本植物，由于含有丰富的蛋白质、有机酸、维生素 C、多种氨基酸、大量的天然色素及多种对人体有益的矿物质，所以常被作为食物的添加剂。洛神花可以做成蜜饯、果汁、果酱、果酒、食品染色剂等。

研发一到两款茶饮品

任务六

一、思路

列出材料、工序、预期口味、装饰等。

二、实践与调整

请制表归纳饮品存在的问题，经分析讨论，列出调整步骤，并邀请非研发参与者试饮后，收集试饮反馈意见，再次进行调整，以达到预期效果。

水果饮品

项目目标

1. 了解水果饮品的制作特点及注意事项。
2. 掌握水果饮品的研发规律。
3. 认识制作水果饮品常用的工具及辅料。
4. 研发一到两款水果饮品。

课前任务

深入咖啡馆，观察并记录水果饮品制作的方法，并讨论一个问题：一杯好的水果饮品应该具备哪些特征？

学习水果饮品的相关知识

● 任务一 ●

水果饮品是指以鲜榨果汁、浓缩果汁、水果果肉等材料为基础，按照一定工艺加工制成的饮品，接下来我们主要介绍一下果汁的基本知识。

一、果汁的定义

果汁是新鲜水果经压榨或经其他方法取得的汁液，实际上它是分布在整个水果各部分或局部细胞液泡中的汁液。它的主要成分为水、有机酸、糖分、矿物质、维生素、芳香物质、色素、果酸、含氮物质和醇等。果汁风味佳美，具有较高的营养价值，也容易被人体所吸收。由于果汁属于碱性食品，还能防止因食肉过多而引起的酸中毒，因此，果汁作为非常健康的饮品，在国内外都备受欢迎，需求量逐年增加。

二、果汁的分类

简单地说，果汁可分纯果汁和甜果汁两种。

纯果汁即水果原汁，可加糖和水直接调制成饮品，是最有营养、健康的天然饮品。

甜果汁则是果汁加上糖浆制成的，多半用来作为调制花式水果饮品的原料。

根据专业的分类，果汁按其状态一般可分为以下四种：

1. 原果汁（juice）

原果汁又称天然果汁，是由鲜果肉直接榨出的汁。原果汁又可分为澄清果汁、混浊果汁两种。

澄清果汁也称透明果汁，呈清澈透明的状态。果实经过压榨后所得的汁液往往含有果肉微粒、蛋白质、果胶物质等，汁液混浊不清，经过滤，静置或加澄清剂后，果汁才会澄清透明。苹果、葡萄、樱花等均宜用来做澄清果汁。虽然由于大部分果肉微粒、树胶质和果胶质被除去，澄清果汁制品稳定性较高，但风味、色泽和营养价值都会损失很大，故大部分国家均提倡混浊果汁。

混浊果汁内保留有果肉微粒，如橘子、杏子等均宜做混浊果汁。因为这类果汁中的营养成分大部分存于果汁的悬浮微粒中，如把这些悬浮物除去，果汁不但色泽不好，而且缺乏风味及营养成分，因此，这类果实不宜做澄清果汁。混浊果汁因为果肉微粒的存在，故风味、色泽较好，营养价值更高。

2. 浓缩果汁（concentrated juice）

浓缩果汁由果汁经真空浓缩 1～6 倍制成。浓缩果汁含有大量糖分，因此一般不加糖，或用少量砂糖调整，使产品符合一定的标准。其可溶性固形物含量为 40%～60%，浓缩橙汁常为 42%～43%（浓缩 4 倍），其他种类较少，浓缩果汁常保存于 17.8℃以下的低温环境中。

3. 加糖果汁（果汁糖浆，juice syrup）

加糖果汁是由原果汁或部分浓缩果汁加入砂糖及柠檬酸，调整至总糖含量 60% 以上，总量 0.9%～2.5%（以柠檬酸计），加热溶解后过滤制成的。加入的糖及柠檬酸量，可根据品种及要求而定。但任何品种的成品含原果汁含量（重量计）最低不得少于 30%，如柑橘汁、荔枝汁、菠萝汁、苹果汁、葡萄汁等。

4. 带肉果汁（nectar）

带肉果汁是由果肉经打浆、磨细，加入适量水、柠檬酸等调整，并经脱气、装罐和杀菌后制成的，一般要求成品的原果浆含量不少于 45%。因品种不同，要求原果浆的含量也不同，如桃、梨为 40% 以上，李子为 35% 以上，糖含量 13% 以上，非可溶性固形物（磨细的果肉层）20% 以上，黏度 30 秒以上（动力黏度测定计测定）等，适用于生产带肉果汁的水果有桃、苹果、杏、洋梨、香蕉等。

三、水果饮品分类标准

目前，各国关于水果饮品的种类和产品的标准要求不尽相同，下面我们将列举水果饮品的分类和分类标准。

一般将各种类型的果汁及果汁制品统称为水果饮品，包括浓缩果汁、带肉果汁、天然果汁等。

水果饮品分类标准

序号	种类	制品标准
1	浓缩果汁	将天然果汁浓缩到 1/2、1/3、1/4、1/5、1/6
2	带肉果汁	指水果破碎后的全部物质，果汁成分 100%
3	天然果汁	指水果榨汁或其浓缩物稀释到原果汁浓度的饮料，果汁成分 100%
4	果汁饮料	各种果汁稀释后的饮料，果汁成分为 50% 以上
5	果肉饮料	一种或两种以上带肉果汁经调制而成，果汁成分随种类而定
6	加果汁的清凉饮料	将天然果汁、浓缩果汁、带肉果汁稀释，果汁成分在 10% 以上，但不到 50% 的饮品

• 决定天然果汁质量的重要因素：①香气：有原果香；②营养成分：特别是维生素 C 的含量应较高；③风味：甜酸适中，无不良异味；④色泽：鲜艳透明（混浊果汁应有均匀的混浊度）。

• 为提高产品的质量，在加工果汁的过程中，应注意以下几点：①要尽量减少果汁与空气的接触机会；②减少受热时间；③避免与铜、铁等金属接触，以保证原果汁的色、香、味及营养成分。

了解一般水果饮品的制作要点

任务二

一、制作水果饮品的主要方法

制作水果饮品过程中，在榨取果汁时一般有四种主要方法：

（1）挤压法。使用挤压工具来榨取果汁，事前必须先去除果皮、果核等部分。

（2）腌制法。将水果切成薄片或块状，撒上糖，腌制数小时或 1~2 日即可取用。制作水果饮品时，利用挤压法取汁备用。

（3）直接取汁法。剖开水果，直接挤取原汁。

（4）煮取法。去除果皮、果核，切块煮成浓汁后储存，制作水果饮品时压榨取汁备用。

二、制作水果饮品的注意事项

制作水果饮品应主要注意以下几点：

（1）制取果汁的工具和盛放果汁的容器必须干燥、干净。

（2）含维生素 C 丰富的果汁，如柠檬汁、柳橙汁等极易变质，最好现做现喝，不宜久置。

（3）富含铁质的水果，如苹果，遇空气容易变色，也宜即取即饮。

制作花式果汁的关键词

30% 调制用的菠萝汁浓度宜为 30%，这样做出的饮品口感较好，小罐菠萝汁浓度太高，宜稀释后饮用，否则菠萝味太重，影响口感。

鲜奶油、酸性配料 调制花式果汁时如需使用鲜奶油，须避免混合柠檬等酸性配料。

7UP 果汁分量不够时，可加 7UP 汽水补充，亦可加满冰块补足。

碎冰 如使用冰块，以碎冰为最佳。如果要使用果汁机搅打，则必须使用碎冰。

OZ 杯 添加配料时，分量一定要准确，使用 OZ 杯（量杯）最佳。

另外调制各类果汁时，以营养健康的原果汁或纯果蜜制品浓缩汁优先，切勿使用化学合成材料。果汁甜度可依个人口味增减糖分，没有绝对标准。

制作几款水果饮品

● 任务三 ●

一、清凉水果茶的制作

1. 配方

冰块	水果茶汁	绿茶	果糖	鲜金橘	黄柠檬	西瓜
150g	20cc	200cc	20g	2 颗（压汁）	1 片	3 片

2. 制作工序

（1）500cc 杯中加入西瓜至杯底。

（2）在雪克杯里加入冰块、果糖、绿茶、水果茶汁、鲜金橘（压汁）、黄柠檬。

（3）摇 12～15 下，倒入茶杯中。

3. 口感

天然的水果香甜混合了绿茶的清新，香气四溢，冰爽消夏。

二、鲜金橘柚子茶的制作

1. 配方

柚子茶酱	金橘汁	冰块	开水	鲜金橘
20g	100g	250g	150cc	2 颗（压汁）

2. **制作工序**

（1）雪克杯中加入冰块、金橘汁、柚子茶酱、开水、鲜金橘（压汁）。

（2）摇 12～15 下，倒入茶杯中。

3. **口感**

金橘的酸甜搭配柚子的微苦，使饮品酸甜适中，又使唇齿间满溢金橘和柚子的香气。

三、香槟葡萄的制作

1. **配方**

凤梨酵醋	葡萄汁	冰糖水	冰块	气泡水	巨峰葡萄	鲜葡萄
20cc	20cc	40cc	50g	加满	5 颗（压汁）	2 颗（装饰）

2. **制作工序**

（1）500cc 杯中加入凤梨酵醋、葡萄汁、冰糖水、冰块、巨峰葡萄（压汁）。

（2）加入气泡水至满，搅拌均匀。

（3）以鲜葡萄作杯饰。

3. 口感

天然浓郁的葡萄香气与气泡组合，给人以冰爽畅快之感。

四、黄金麦芽香槟的制作

1. 配方

可卡 0 度金钻麦汁	冰块	西瓜	气泡水	柳橙
40cc	100g	1 片	加满	1 片（装饰）

2. 制作工序

（1）在 500cc 杯中加入可卡 0 度金钻麦汁、冰块、西瓜。

（2）加入气泡水至满，搅拌均匀。

（3）将柳橙片作为装饰挂在杯口。

3. 口感

自然的麦香混合气泡水的爽口，相当于一杯无酒精啤酒，非常适合男性顾客。

五、薄荷小麦草的制作

1. 配方

薄荷蜜	小麦草汁	果糖	薄荷叶	黄柠檬	冰块
20cc	20cc	15g	2 片	2 片（装饰）	100g

2. 制作工序

（1）500cc 杯中加入薄荷蜜、小麦草汁、果糖、冰块、薄荷叶。

（2）加入气泡水至满，搅拌均匀。

（3）黄柠檬切片，置于杯中作装饰。

3. 口感

薄荷的清凉搭配小麦草的自然香气，给人以香甜清爽之感。

六、蔓越莓果茶的制作

1. 配方

冰块	果糖	开水	蒟蒻	蓝莓果茶	蔓越莓茶
250g	25cc	80cc	1勺	1勺	加满

2. 制作工序

（1）在500cc杯中加入蒟蒻、蓝莓果茶。

（2）在雪克杯中加入冰块、果糖、开水。

（3）摇12~15下，倒入茶杯中。

（4）加入蔓越莓茶至满。

3. 口感

蓝莓与蔓越莓的果香浓郁，果糖中合了两者的酸味，酸甜适中，口感爽滑。

七、桂圆姜母茶的制作

1. 配方

桂圆肉	黑糖姜母粉	开水	直饮水	鲜生姜
10颗	2勺半	300cc	100cc	3片（装饰）

2. 制作工序

（1）500cc杯中加入黑糖姜母粉、桂圆肉、开水，搅拌均匀。

（2）加入直饮水搅拌均匀。

（3）鲜生姜切片作装饰。

3. 口感

入口有桂圆的甜香温润，尾韵有少许姜的辣味，给人带来融融暖意。

八、金橘气泡柠檬的制作

1. 配方

鲜金橘	黄柠檬	冰块	果糖	金橘汁	气泡水
3颗（压汁）	2片（压汁）	50g	30g	10cc	加满

2. 制作工序

（1）500cc 杯中加入果糖、金橘汁、黄柠檬（压汁）、鲜金橘（压汁）、冰块。

（2）加入气泡水至满，搅拌均匀。

3. 口感

酸甜可口，柠檬和金橘的味道出挑，与气泡相遇更给人清爽之感。

研发一到两款水果饮品

任务四

一、思路

列出材料、工序、预期口味、装饰等。

二、实践与调整

请制表归纳饮品存在的问题，经分析讨论，列出调整步骤，并邀请非研发参与者试饮后，收集试饮反馈意见，再次进行调整以达到预期效果。

奶制饮品

 项目目标

1. 了解奶在饮品制作中的作用。

2. 了解奶在饮品制作过程中的注意事项。

3. 掌握奶制饮品研发规律。

4. 研发一到两款奶制饮品。

 课前任务

深入咖啡馆，了解都有哪些饮品中使用了奶或奶粉、奶精，讨论一下为什么要这样使用。

了解奶的相关知识

任务一

奶制饮品，顾名思义，就是以奶为基本原料制成的饮品，但这里的"奶"不仅局限于牛奶，还有可能是指奶精、奶油或奶盖等一系列外观具有"奶"的物质的原料。

一、鲜奶、奶粉和"奶精"之间的区别

牛奶是最常见的饮料，来自奶牛。牛奶中含蛋白质、脂肪、碳水化合物、钙、磷、铁等多种营养元素，是颇受人们欢迎的日常饮品。奶粉是鲜奶经过浓缩、喷雾干燥后制成的，其蛋白质、无机盐、脂肪等主要营养成分损失不大。所不同的是，鲜奶加工成奶粉后，氨基酸的利用率有不同程度的降低。从营养成分和人体吸收两个方面比较，鲜奶比普通奶粉好，但奶粉也有许多优点，主要表现在便于贮藏运输和食用等方面，种类也较多。

而"奶精"① 则是许多产品应用在饮品制作时的统称，更多的是指人工调制出的植脂末。当鲜奶或者奶粉用在饮品制作上时，它主要是起增白、增稠、增滑、中和咖啡苦涩等作用，此时的鲜奶或奶粉也是"奶精"的一种。

植脂末，以氢化植物油、酪蛋白为主要原料，是一种独特的水溶性乳化、混浊剂，是一种食品添加剂，一种可以使饮品更好喝的辅料。根据用户的不同需要，在生产植脂末的过程中可按其标准生产低脂、中脂、高脂产品。植脂末具有良好的水溶量，具有乳化多散性，在水中可成均匀的奶液状，使用时可代替蔗糖甘乳化剂。植脂末能改善食品的内部组织，增香增脂，使口感细腻、润滑厚实，并富有奶味，所以是饮品制作的好伴侣。

---

① 奶精的叫法来自中国台湾，英语是 creamer，凡是白色乳糜状的东西，外国人都习惯于称为 cream，比如鲜奶油、脸霜、药膏等。喝咖啡加牛奶或鲜奶油或人造奶油等使之变成淡色乳糜状，上述的东西不论含不含乳制品都可叫作 creamer，加在咖啡中就叫 coffee creamer，加在茶中就叫 tea creamer。所以 cream 和 creamer 在英文中并非如同中文的"奶"一样被国人直接联想到乳制品，它是涵盖动物类与植物类的。如果进一步解释，则可用 dairy creamer（含乳）与 non-dairy creamer（非乳）来区分。

二、"奶精"

1. "奶精"的分类

人们习惯把"奶精"分成两大类：非奶类的（植物类）与含奶类的（包括混合的）。含奶类液态奶精有牛奶、炼奶、淡奶和调味炼奶等，含奶类粉末奶精有奶粉、奶油粉、植物油奶油混合粉末等；非奶类液态奶精有植物淡奶、奶油球、瓶装液态奶精等，而非奶类粉末奶精有植脂末、咖啡伴侣等。

含奶类奶精多半以天然牛奶为原料，没有使用添加剂与香精。非奶类则是人工配制的，以植物油为脂肪的原料，加入糖类、酪蛋白、乳化剂、稳定剂混合而成的。植物油熔点太低、不饱和且容易酸败，导致加工困难，因此必须经过部分氢化处理。除此之外，植物油口味清淡，大多数需使用香精调味。

非奶类的奶精使用的是部分氢化植物油，并非100%氢化。氢化过程中所产生的反式脂肪比例约占油脂的5%，比使用100%氢化的"烤酥油""白脱油"低很多。"奶精"的脂肪量比例是30%左右，实际反式脂肪的含量是1.5%，100%氢化的"烤酥油""白脱油"的油脂含量接近100%。

2. "奶精"对人体有害吗

国内对于奶精的恐慌较多来自对氢化油的担心。在奶精的生产过程中，使用熔点高的油，其成品的形态和口感要好一些。植物油中的脂肪主要是不饱和脂肪酸，所以熔点较低，常温下呈液态。而通过催化反应，在部分不饱和键上加氢使之饱和，则可以提高植物油的熔点，从而提高油的稳定性和在食品加工中的应用性能。氢化油正好有利于奶精的生产，所以一度获得了广泛使用，"植脂末"的名称也由此而来。

但后来的科学研究显示，氢化油中含有较多的反式脂肪酸。这些反式脂肪酸对人体没有任何好处，反倒有害健康，所以氢化油的使用遭到了反对。

不过，反式脂肪酸的危害并不是非常大。FDA和WHO等机构认为，每天摄入2g反式脂肪酸对人体健康没有显著影响，所以允许在食品中存在一定量的反式脂肪酸。如果奶精只是作为咖啡增白剂使用的话，人体每天的摄入量很难超过2g，因此目前美国市场上的奶精依然有很多是用氢化油生产的。但是如果把奶精冲水喝或者当原料来制作其他食品，那么就有可能摄入太多的反式脂肪酸，对人体不利。不过，目前新的氢化技术已经可以提供零反式脂肪酸的氢化油了。

奶茶的配制

任务二

一、奶茶底的配制

1. 配方

1/2 份用量		1 份用量	2 份用量
材料名称	数量（g）	数量（g）	数量（g）
红茶叶	100	50	100
水	1 350	2 700	5 400
奶精	300	600	1 200
冰块	750	1 400	2 800

2. 制作工序

　　首先用电子秤根据份数按比例称配好水量（最好是热水，可减少加热的时间）。之后称配料，在加热水的同时按比例称好其他材料，冰块另称配好待用。待水煮沸即可关火，将茶叶加入搅拌 10 圈，加盖计时焖 17 分钟，焖好后即用红茶专用双层隔渣袋过滤茶水，沥干即可，切记不能挤压，以免带有茶的苦味。加入植脂末，搅拌至融化，再加入冰块，继续搅拌至冰完全融化，倒入奶茶保温桶备用。

制作奶茶底的注意事项

制作奶茶底有一些注意事项：①奶茶底的隔渣袋可以和红茶的隔渣袋共同使用；②红茶隔渣袋要专用，不能与其他茶类共用，清洗、晾干、挂钩都要严格区分；③焖茶需用专用的保温桶，并且要严格计时，不能因其他工作耽误焖茶水的时间和温度，拆开过的红茶叶要密封保存；④当天配制当天用，保质期 18 小时；⑤要严格按照用量配制奶茶底，以免浪费，并确保在品质最佳状态配制产品；⑥茶叶、水、奶精、冰块都必须用电子秤称料，不能用量杯配料；⑦如水温过高，关火后需通过搅拌降温，绝对不能直接加入冰块降温；⑧冬天焖茶时可用保温桶，以免水温降得过快，影响茶的口感。

粉子奶茶的制作方法

粉子奶茶就是在招牌奶茶的基础上加入 45g 粉子制成的奶茶。粉子制作方法：将适量干粉子放入容器中，加入适量开水泡 10 分钟，过滤后用冷水冲洗，最后倒入容器中加少量糖水冷藏备用。

二、三兄弟奶茶的制作

1. 配方

冰块	奶茶底	果糖	寒天	鸡蛋布丁	珍珠
100g	200cc	15g	1勺	1勺	1勺

2. 制作工序

（1）500cc 杯中加入珍珠、鸡蛋布丁、寒天至杯底。

（2）雪克杯加入冰块、果糖、奶茶底。

（3）摇 12 ~ 15 下，倒入茶杯中。

3. 口感

饮用浓香醇厚奶茶的同时，可以咀嚼到口感各异的寒天、鸡蛋布丁和珍珠，使口腔的感觉格外丰富。

三、红豆布丁奶茶的制作

1. 配方

冰块	奶茶底	果糖	红豆	鸡蛋布丁
150g	250cc	15g	1勺	1勺

2. 制作工序

（1）500cc 杯中加入红豆、鸡蛋布丁至杯底。

（2）雪克杯中加入冰块、果糖、奶茶底。

（3）摇 12～15 下，倒入茶杯中。

3. 口感

布丁的滑嫩、红豆的香甜以及奶茶的浓郁在舌尖碰撞融合，给味蕾以美的享受。

四、港式奶茶的制作

1. 配方

港式红茶	白糖	黑白奶
250cc	10g	50cc

2. 制作工序

（1）360cc 杯中加入白糖、港式红茶搅拌均匀。

（2）直接加入黑白奶后搅拌均匀。

3. 口感

港式奶茶不论是茶香和奶香，都较普通奶茶更加浓郁，入口丝滑之感令人难忘，饮用后唇齿间依然留有香气，久久不散。

五、奶绿的制作

1. 配方

植脂末	开水	绿茶	冰块	果糖
25g	20cc	250cc	150g	30g

2. 制作工序

（1）雪克杯加入植脂末和开水后搅拌均匀。

（2）加入绿茶、果糖、冰块。

（3）摇 12～15 下倒入杯中。

3. 口感

奶绿冷饮清爽，热饮浓香，口齿间同时回荡着绿茶的清香和牛奶的浓郁。

六、红豆抹茶的制作

1. 配方

抹茶粉	牛奶	开水	冰块	红豆
30g	120cc	50cc	250g	2 平勺（标准量勺）

2. 制作工序

（1）将 30g 抹茶粉、50cc 开水加至雪克杯，搅拌均匀至抹茶粉溶解。

（2）再加入 120cc 牛奶、250g 冰块，雪克杯加盖水平摇均匀。

（3）在杯中加入 2 平勺红豆，然后将摇好的茶连同冰块倒入杯中，奉客时配以大吸管。

3. 口感

绵密细致的红豆为饮品增加了特别的香气，抹茶粉特有的芬芳与清新之感与红豆十分匹配。

七、漂浮红豆抹茶冰沙的制作

1. 配方

抹茶粉	果糖	牛奶	冰块	红豆	开水	奶盖
40g	10g	60cc	2 冰沙杯	2 平勺	50cc	适量

2. 制作工序

（1）将抹茶粉 40g、果糖 10g、牛奶 60cc、开水 50cc、2 冰沙杯冰块，依次放入冰沙机上座。

（2）高速搅拌，用冰沙搅拌棒分四个角下压，打至糊状。

（3）将冰沙搅拌向一个角，随后把冰沙倒入冰沙杯，把两平勺红豆盖在冰沙上，然后在红豆上加奶盖至与杯口平齐，最后在奶盖上撒少许抹茶粉，奉客时配大吸管。

八、配制珍珠

1. 配方

材料名称	1 包用量		2 包用量		3 包用量	
	单位	数量	单位	数量	单位	数量
珍珠（山粉圆）	包	1	包	2	包	3
水	cc	5	cc	10	cc	15
二砂糖	g	200	g	400	g	600
开水	cc	150	cc	300	cc	450

2. 制作工序

（1）称配料，先加热水，珍珠（山粉圆）用干筛筛去碎粉物。

（2）待水煮沸后加入珍珠稍作搅拌，打散防粘，待珍珠上浮后，开始计时，煮 13 分钟，每两分钟搅拌一次（避免焦底），计时器响即关火，加盖，焖 15 ～ 20 分钟（焖制时长与天气有关，夏天较热，焖 15 ～ 17 分钟；秋天较凉，则需 17 ～ 18 分钟；冬天较冷，需要 18 ～ 20 分钟，具体时间以口感是否 Q 弹为准）。在焖珍珠的同时，将另一个桶置于电磁炉上准备热水，以作洗珍珠之用。准备一个洗米盆和装珍珠的备料钢桶，桶中加入二砂糖和开水，搅拌溶化待用。珍珠焖好后即开盖，将其搅拌打散，再将珍珠从盆中倒出，沥干水分，将之前烧好的热水淋在珍珠上，边淋热水边用打蛋器搅拌，洗至珍珠表面不再呈糊状，而有光洁感，之后将珍珠倒入备料钢桶，搅拌均匀，加盖常温备用，保存在40℃恒温状态下更佳。

- 山粉圆有碎粉，煮前需用干筛筛除。
- 煮珍珠需待水煮沸才能加入。
- 煮好的珍珠须将珍珠洗去黏液，不能用冷水洗。
- 每次调配饮料需要加珍珠时，都要搅拌3圈。
- 如天气较冷，或用手摸装珍珠桶边无余热感时，须将珍珠隔水加热至温热并不断搅拌，以保证Q弹的口感；不能直接添加热水加热，以免冲淡味道。
- 最佳存放期为4小时，中途要搅拌，最好隔水加热至温热，并搅拌保持口感，不能冷藏。为了更好地确保质量和服务客户，凡准备好此原料后，当立即实行推销计划，将最新鲜的产品推销给客人，而不应将材料放在冰箱内待过期再处理。

奶盖饮品的配制

● 任务三 ●

一、了解奶盖饮品

　　奶盖饮品即在饮品上盖有一层将近 2cm 厚的奶盖，奶盖一般由奶油、鲜奶、奶粉和奶盖粉调配而成。

二、奶盖的配制

1. 配方

奶油	全脂牛奶	奶盖粉（1 包）
400g	800cc	800g

2. 制作工序

（1）按奶油、全脂牛奶、奶盖粉的次序称好全部材料，并依次装入奶盖搅拌机，用胶刮向同一个方向搅拌均匀。

（2）搅拌 5 分钟。

（3）打发 5 分钟。

（4）倒入专用带盖量杯桶，加盖冷藏存放备用（配制好的奶盖，以每份3 300cc为准）。每次打好的奶盖都要取少许试味，其标准为香、咸、细腻。

- 奶盖的搅拌、打发、融合共计 10 分钟，全脂牛奶和奶油应在1℃环境下冷藏保存。奶温偏低时，打发时间可减少 1 分钟，奶温偏高时，打发时间须加长 1~3 分钟。打发至奶盖起波纹时，停止搅拌，将搅拌头抬起，观察下滴和扩散的效果，以滴下来再慢慢扩散并在 1 分钟内能恢复平整为佳，超过 2 分钟都未恢复为打发过老，如果下滴过快还要再打发 1~3 分钟，要边打发边观察，积累经验，再测试扩散速度，合适即可。如果下滴过慢，明显属打发过老，须加入适量（50~100cc）鲜奶，中转搅拌均匀，再测试，至下滴速度合适即可。

- 每次配制需按整份的量，不宜过多或过少。

- 因包装材料比较接近，使用前应认真核对材料的包装贴纸名称，以免混淆。

- 每种物料摆放要清晰有序，用完应当即扎封袋口，并归位。

- 要在实践中控制好奶盖打发的程度，认真积累经验，每次要计时，结合经验，确保效果稳定。

- 最佳存放期：冷藏 2 天，立式柜 1 天，注意颜色及效果。奶油及全脂牛奶须在 4 门冷藏柜存放 5 小时以上待用，冷藏温度设置为1℃，以达到打奶盖最佳效果的温度为准。如果奶油和牛奶的温度不够低，奶盖搅拌时间超过最长时间还未搅拌到理想效果，仍然很稀时，可将转速适当调快些，再打至达到效果理想为止即可。

三、奶盖红茶的制作

1. 配方

冰块	红茶	果糖	原味奶盖
150g	250cc	30g	加满

2. 制作工序

（1）雪克杯中加入冰块、红茶、果糖。

（2）摇 12 ~ 15 下。

（3）倒入 500cc 杯中，刮去浮沫。

（4）原味奶盖加满。

3. 口感

奶盖咸香浓郁，饮用时奶盖与红茶在口中层次分明，别有一番风味。

四、奶盖台湾红玉茶的制作

1. 配方

台湾红玉茶	开水	果糖	冰块	原味奶盖	黑糖粉
2 包 ×6g	200cc	30g	250g	加满	少许（装饰）

2. 制作工序

（1）萃茶机中加入台湾红玉茶和开水，调至 4 档萃茶。

（2）雪克杯中加入冰块、果糖、萃好的茶。

（3）摇 12 ~ 15 下，倒入杯中，刮去浮沫。

（4）原味奶盖加满。

（5）撒上黑糖粉装饰。

3. 口感

黑糖与台湾红玉茶的完美融合使饮品散发独有的香气，入口甘甜，与奶盖相得益彰。

五、奶盖绿茶的制作

1. 配方

冰块	绿茶	果糖	原味奶盖
150g	250cc	30g	加满

2. 制作工序

（1）雪克杯中加入冰块、绿茶、果糖。

（2）摇 12~15 下，倒入杯中，刮去浮沫。

（3）原味奶盖加满。

3. 口感

奶盖香滑浓郁，绿茶清新淡雅，二者相得益彰。

六、奶盖抹茶的制作

1. 配方

抹茶粉	开水	冰块	牛奶	果糖	原味奶盖	脆米
3勺	80cc	220g	100cc	10g	加满	少许（装饰）

2. 制作工序

（1）雪克杯中加入抹茶粉、开水，搅拌均匀。

（2）加入冰块、牛奶、果糖。

（3）摇 12～15 下。

（4）倒入 500cc 杯中，刮去浮沫，加入原味奶盖至满。

（5）撒上脆米装饰。

3. 口感

奶盖细腻浓郁，抹茶清新温润，入口清香回甘。

七、奶盖樱花乌龙茶的制作

1. 配方

冰块	樱花乌龙茶	果糖	原味奶盖
150g	250cc	30g	加满

2. 制作工序

（1）雪克杯中加入冰块、樱花乌龙茶、果糖。

（2）摇 12～15 下，倒入 500cc 杯中。

（3）刮去泡沫、加入原味奶盖至满。

3. 口感

乌龙的浓香、樱花的甜香以及奶盖的咸香，一口喝下，层次分明又相互交融，饮后唇齿留香。

八、奶盖蜜桃乌龙茶的制作

1. 配方

蜜桃乌龙茶	开水	果糖	冰块	原味奶盖
2 包×6g	230cc	30g	250g	加满

2. 制作工序

（1）萃茶机中加蜜桃乌龙茶及开水，调至 4 档萃茶。

（2）将萃好的茶加入雪克杯，再加入冰块、果糖。

（3）摇 12～15 下，倒入杯中，刮去浮沫，原味奶盖加满。

3. 口感

甜甜的蜜桃搭配香醇的乌龙，气味清香，口感甘甜。

巧克力牛奶的配制

● 任务四 ●

一、巧克力牛奶的制作

1. 配方

巧克力粉	黑巧克力	牛奶	开水	奶精粉	果糖
20g	3 块	150cc	150cc	20g	10g

2. 制作工序

（1）将巧克力粉 20g、奶精粉 20g、开水 150cc 加至雪克杯，搅拌均匀。

（2）再加入牛奶 150cc、黑巧克力 3 块、果糖 10g，搅拌均匀即可。

（3）倒入奶茶杯奉客。

3. 口感

浓郁的奶香搭配巧克力特有的香气，不论是冷饮还是热饮都给人以浓浓的满足之感。

冰巧克力牛奶的制作

将上述制作材料中的开水改为 50cc，按上述步骤操作，最后在奶茶杯中加入 200g 碎冰块即可。

二、巧克力奶盖（冰）的制作

1. 配方

巧克力粉	果糖	牛奶	开水	奶盖	冰块
20g	15g	100cc	50cc	加满	250g

2. 制作工序

（1）将巧克力粉 20g、开水 50cc 加至雪克杯，搅拌均匀。

（2）再加入牛奶 100cc、果糖 15g、冰块 250g 至雪克杯，加盖水平摇均匀。

（3）连同碎冰块倒入新奶茶杯，刮去浮沫，将预制好的奶盖轻轻地均匀浇在巧克力牛奶上，奉客时配以艺术吸管。

3. 口感

奶香浓郁并伴有可可的香醇。

研发一到两款奶制饮品

● 任务五 ●

一、思路

列出材料、工序、预期口味、装饰等。

二、实践与调整

请制表归纳饮品存在的问题，经分析讨论，列出调整步骤，并邀请非研发参与者试饮后，收集试饮反馈意见，再次进行调整，以达到预期效果。

冰激凌饮品

项目目标

1. 掌握冰激凌的基本知识、分类。

2. 懂得冰激凌的营养价值和禁忌。

3. 会根据制作工序制作冰激凌饮品。

课前任务

1. 进入咖啡馆实地观察并品尝，常见的冰激凌有哪些口味。

2. 观察冰激凌在销售时一般会与哪些辅料搭配。

学习冰激凌的基本知识

任务一

冰激凌饮品，也称雪糕，因其具备无须咀嚼即可食用的特征，所以也被归入饮品的范畴。冰激凌饮品种类繁多，花样百出，是人们生活中不可缺少的甜食冷饮，尤其在炎热夏季更是处处可见。在很多艺术作品中，夏日往往是主角，是作者最不吝于花费心思的——夏日里有最灿烂的阳光，有飘舞的花裙，有诗般的绿意……还有最能体现夏日态度的冰激凌。"似腻还成爽，如凝又似飘。玉来盆底碎，雪向日冰消"，从最早可看到冰激凌身影的唐代至今，小小的冰激凌通过不断地演变，已用纯粹的清凉感、宜人的口味、多样的形式"征服"了更多人，"抢占"了饮品的市场。

美味无穷的冰激凌让很多人对它又爱又怕。有人认为冰激凌没有营养，而有人又说冰激凌蛋白质的含量非常丰富，比牛奶要高 15%，还富含丰富的钙质，有益于身体健康。你的观点呢？

一、认识冰激凌

近年来，我国冰激凌市场发展迅猛，其产量在近 10 年间增长了 16 倍。据有关数据统计，2012 年我国冰激凌产销量超过 28 亿公斤。可以预见，我国正在向全球最大的冰激凌消费国靠近。

但是，从人均消费水平来看，我国与世界发达国家的消费水平的差距还比较悬殊。当下，世界第一大冰激凌消费国是美国，人均消费冰激凌为 23 公斤，澳大利亚为 17 公斤，瑞典为 16 公斤，日本为 11 公斤，而我国仅为 1.7 公斤。由此，我国冰激凌市场的巨大潜力可见一斑。

此外，在我国，冰激凌仍然是一种季节性消费食品。有关人士认为，这样的消费观念会阻碍我国冰激凌市场的进步和发展。在国外，冰激凌市场的好坏几乎不与季节挂钩，这是早期冰激凌生产商宣传的结果。或许，当我国的消费者认识到冰激凌不仅仅在夏天食用这一概念，并开始针对不同季节选择不同种类的产品时，我国的冰激凌市场将更加成熟。我国冰激凌市场的巨大潜力和发展空间，吸引了国内外的"淘金者"。但经过市场的竞争与整合，近年来，我国冰激凌市场的份额正在向几个主要品牌集中，包括外资品牌雀巢、和路雪、哈根达斯，国内品牌伊利、光明、蒙牛等。

冰激凌如此深受人们的喜爱，那么什么是冰激凌呢？冰激凌就是以饮用水、牛奶、奶粉、奶油、食糖等为主要原料，加入适量食品添加剂，经混合、灭菌、均质、老化、凝冻、硬化等工艺制成的体积膨胀的冷冻饮品。

二、冰激凌的分类

（一）按乳脂含量分

1. 全乳脂冰激凌

全乳脂冰激凌是营养价值最高的一类冰激凌，总固形物大于30%甚至高达40%；要求乳脂含量大于8%，不使用非乳脂作为原料。高档的冰激凌脂肪含量可达到12%～16%，配料中一般使用纯奶作为主要原料，再加入奶油、糖、鸡蛋、各式各样果料、巧克力、咖啡等制成。

2. 半乳脂冰激凌

半乳脂冰激凌一般以乳粉为主要原料，乳脂含量达到2.2%即可。其中可以加入非乳脂原料，如人造奶油、植物油脂等，脂肪含量不低于6%。

3. 植脂冰激凌

植脂冰激凌主要成分是水、糖、乳等，使用植物油和人造奶油，其类似纯正牛奶的滋味和口感主要是依靠特殊的工艺，再加上添加剂的改进和巧妙搭配制成的，这类产品中不含有动物乳（如牛乳）的成分。

（二）按结构分

1. 清型产品

清型产品是指配料中不含有颗粒或块状辅料，经一定加工工艺生产的产品，如豆奶冰激凌、奶油冰激凌、可可冰激凌、橘味雪糕、香芋雪糕。主要分为以下几种：清型植脂冰激凌、清型全乳脂冰激凌、清型雪糕。

2. 混合型产品

混合型产品是在生产中加入颗粒状或块状辅料，如葡萄、花生、草莓等的一类冰激凌，如葡萄奶油冰激凌、草莓雪糕等。主要分为以下几种：混合型全乳脂冰激凌、混合型半乳脂冰激凌、混合型植脂冰激凌、混合型雪糕。

3. 组合型产品

组合型产品是指产品不仅仅是单一的冰激凌或雪糕，而是一种以上的冷冻品，或是一种冷冻品中掺着巧克力、饼干、水果等类食品，共同组合成一种以冷冻品为主的食品；冰激凌要求乳脂（或植脂）所占比例不低于50%。如千层雪冰激凌、蛋卷冰激凌、巧克力脆皮雪糕、冰激凌蛋糕等。此类冰激凌主要有以下几种：组合型全乳脂冰激凌、组合型植脂冰激凌、组合型雪糕等。

冰激凌有软质和硬质之分。在灭菌、物质老化、凝结成型之后直接出售的产品叫软质冰激凌，而经过 −25℃硬化的叫硬质冰激凌。英国规定了冰激凌总固形物含量的最低指标，高级硬质冰激凌大于 22.5%，软质冰激凌大于 27.5%（中国为 30%)。较高的固形物含量是现代冰激凌的发展趋势。

三、冰激凌的成分及营养价值

（一）冰激凌的成分及其来源

（1）脂肪：可由稀奶油、奶油、人造奶油、精炼植物油等调制。

（2）非脂固体：可由原料乳、脱脂乳、炼乳、乳粉等调制。

（3）糖：可使用蔗糖、果葡糖浆、葡萄糖等。

（4）乳化剂和稳定剂：可使用鸡蛋、蛋黄粉、明胶、琼脂、海藻酸钠、羧甲基纤维素等。

（5）香料：有香兰素、可可粉、果仁及各种水果香料。

（二）冰激凌的主要功效

1. 食用功效

生津止渴。由于冰激凌味道宜人、细腻滑润、凉甜可口、色泽多样，不仅可帮助人体降温解暑、提供水分，还可为人体补充一些营养，因此在炎热季节里备受青睐。夏天没有胃口时，吃些冰激凌，是一个迅速补充体力、降低体温的好方法。同时冰激凌漂亮的颜色又让人产生食欲。

2. 营养价值

（1）健脑。冰激凌是一种含有优质蛋白质及高糖、高脂的食品，另外还含有氨基酸及钙、磷、钾、钠、氯、硫、铁等，具有调节生理机能、保持渗透压和酸碱度的功能。资料显示，按照国际和国家产品标准，一般奶油冰激凌的营养成分为牛奶的 2.8 ~ 3 倍，在人体内的消化率可达 95% 以上，高于肉类、脂肪类的消化率。国内的冰激凌主要由 3 种成分组成，其中脂肪占 7% ~ 16%，蔗糖占 14% ~ 20%，蛋白质占 3% ~ 4%，冰激凌所含脂肪主要来自牛奶和鸡蛋，有较多的卵磷脂，可释放出胆碱，对增强人的记忆力有帮助。

（2）均衡营养。脂肪中的脂溶性维生素也容易被人体所吸收。冰激凌中含有糖类，由牛奶中的乳糖和各种果汁、果浆中的果糖以及蔗糖组成，其中的有机酸、单宁酸和各种维生素可以给人体提供所需要的营养物质。

3. 其他营养成分

以下是冰激凌上常用的果仁碎、七彩糖条及朱古力碎的营养成分。

（1）果仁碎。许多人喜欢吃冰激凌上面的果仁碎，其实果仁所含的营养甚多，有蛋白质、维生素 E、铁、铜、锌、锰和纤维素，但脂肪含量也非常高。虽然其脂肪大部分是不饱和脂肪，有助降低血液中的坏胆固醇，但热量很高，多吃易致胖。

（2）七彩糖条。彩色糖条和棉花糖虽无脂肪，但糖分很高。糖的营养价值很低，只提供热量，多吃容易致胖。1 汤匙彩色糖条中就含 60kcal 的热量。

（3）朱古力碎。朱古力碎中有 54% 的可可油，19% 的碳水化合物，12% 的蛋白质，绝对是高脂食物。冰激凌中加入朱古力碎令脂肪、糖及热量的含量倍增。

（三）食用冰激凌的禁忌与副作用

吃冰激凌时不能进食过快，否则就会刺激内脏血管，使局部出现贫血，减弱胃肠道的消化功能和杀菌能力，促使胃肠炎、胆囊炎甚至肝炎的发生。同时也不要一次进食过多，不要长期、大量食用甚至代替正餐。冰激凌吃得太多对儿童来说易引起腹痛，对中老年人来说则易引发心绞痛，对一般人来说易引起胃肠炎、喉痉挛、声哑失音等病症。长期大量食用，甚至代替正餐食物则会导致营养缺乏症，并有可能损坏牙齿。糖尿病患者更不宜食用冰激凌，因为冰激凌属于高糖食品。

冰激凌饮品的制作

● 任务二 ●

冰激凌饮品的制作工序，一般需要先进行准备工作和冰激凌底的制作，然后再进行产品制作。不同的冰激凌制作方法不同，但其准备工作和冰激凌底的制作程序是基本相同的。下面我们从准备工作和冰激凌底的制作来入手。

一、准备工作及冰激凌底的制作

（一）准备工作

（1）清洗、消毒制作工具，例如产品、刷子、容器等。

（2）清洗、消毒机器。

（3）预冷容器（预冷容器需置于零下 8~9℃ 条件下）。

（二）冰激凌底的制作

1. 配方

牛奶	冰激凌粉	开水
1 000cc	1 000g	2 000cc

2. 制作工序

（1）容器内倒入 1 000g 冰激凌粉，开水 2 000cc，搅拌 10 分钟。

（2）加入牛奶 1 000cc，搅拌 15 分钟。

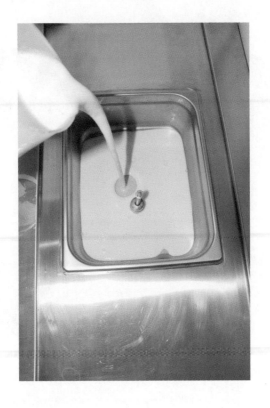

（3）制作成冰激凌浆备用。

（三）机器的清洁

清洁机器时应先关闭机器电源，机器下先放一个空容器，再倒入清水清洗，清洗机器时应用专用毛刷，将机器刷洗干净后，再将机器进行消毒，取出后擦至干净无异味。

二、草莓冰激凌的制作

1. 配方

用草莓冰激凌粉制作的冰激凌底	草莓原料酱
1 000cc	80g

2. 制作工序

（1）将制作好的冰激凌底倒入冰激凌机，硬度调为3，按自动键。

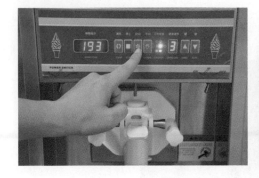

（2）直接放入预冷容器内，加盖并放入冷冻处备用。

3. 口感

香甜柔和，入口即化。

三、巧克力冰激凌的制作

1. 配方

巧克力冰激凌底	提拉米苏原料酱	提拉米苏口味酱
1 000cc	80g	适量

2. 制作工序

（1）将冰激凌底倒入搅拌缸内，然后加入提拉米苏原料酱进行搅拌。

（2）将搅拌均匀的原料放入冰激凌机中，继续搅拌 10 分钟，成胶状为宜。

（3）拿出后放入预冷容器内，并加入适量提拉米苏口味酱拌匀，加盖并放入冷冻处冷藏。

3. 口感

香浓爽滑，比提拉米苏蛋糕多了一份清凉，吃起来除了能感受到夏日的轻盈外，还多了一份异域的浪漫。

四、红豆冰激凌的制作

1. 配方

冰激凌底	红豆
1 000cc	250g

2. 制作工序

（1）将冰激凌底倒入搅拌缸内，然后加入红豆进行搅拌。

（2）搅拌均匀的原料放入冰激凌机中，继续搅拌 10 分钟，呈胶状为宜。

（3）拿出后放入预冷容器内，加盖并放入冷冻处冷藏，出品时加两三粒红豆即可。

3. 口感

红豆口感细腻，香气萦绕于唇齿之间，令人回味。

结　语

　　市场中流行的饮品变化之快，堪比数码产品更新换代的速度。无论是制作饮品的器具、原料，还是饮品的口感、外观，都随时处在变化之中，其速度之快，令人目不暇接。但细细揣摩，其变化又是有规律可循的，例如制作工序的科技化、标准化、易操作化，饮品的天然化、健康化，外观的时尚化、便捷化，一切变化既追随着我们的生活节奏，也引导了我们的生活方式。本教材编写目标就是为了帮助同学们能够在饮品市场的纷繁变化中掌握其不变的精髓和原则，准确把握饮品市场动向，从而达到以不变应万变的目的。

参考文献

［1］郑春英．茶艺概论：第二版［M］．北京：高等教育出版社，2013．

［2］让·安泰尔姆·布里亚—萨瓦兰．厨房里的哲学家［M］．敦一夫，付丽娜，译．南京：译林出版社，2013．

［3］冈仓天心．茶之书［M］．徐恒迦，译．北京：中国华侨出版社，2015．

［4］林玮，刘思宇．茶艺师［M］．北京：中国财政经济出版社，2009．

［5］陆羽．茶经［M］．杭州：浙江古籍出版社，2011．

［6］东方食艺组织编．创意盘饰［M］．北京：化学工业出版社，2009．

［7］冰淇淋的分类　冰淇淋的 3 种结构分类［EB/OL］．http：//zhishi. maigoo. com/5221. html.